Dimension Parameter of
Interior Design

室内设计数据手册

空间与尺度

理想·宅 编著

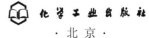

化学工业出版社
·北京·

本书是一本资料翔实、简明易懂的关于室内设计人体工程学尺寸的资料手册，主要为室内设计时需要经常查询使用的尺寸标准。全书共有四章，内容包括人体基本尺寸、常用家具与设备的尺度、家居以及商业空间内人体活动域尺度，全部以图解的形式展现。

本书可供室内设计人员和在校学生使用，可以作为确定设计尺度的参考资料使用。

图书在版编目（CIP）数据

室内设计数据手册：空间与尺度/理想·宅编著.—北京：化学工业出版社，2019.7（2023.1重印）
ISBN 978-7-122-34279-9

Ⅰ．①室… Ⅱ．①理… Ⅲ．①室内装饰设计-手册
Ⅳ．①TU238.2-62

中国版本图书馆CIP数据核字（2019）第064995号

责任编辑：王　斌　孙晓梅　　　　装帧设计：王晓宇
责任校对：王素芹

出版发行：化学工业出版社（北京市东城区青年湖南街13号　邮政编码100011）
印　　装：北京新华印刷有限公司
880mm×1230mm　1/32　印张6½　字数150千字　2023年1月北京第1版第10次印刷

购书咨询：010-64518888　　　　　　　售后服务：010-64518899
网　　址：http://www.cip.com.cn
凡购买本书，如有缺损质量问题，本社销售中心负责调换。

定　　价：58.00元　　　　　　　　　　版权所有　违者必究

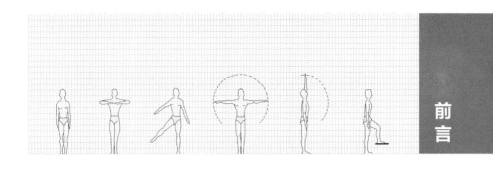

室内设计是一门综合性工作，需要设计人员掌握建筑学、色彩心理学、人体工程学、材料学、力学等知识，在这其中，人体工程学是其中颇为重要的内容。

人体工程学中的人体尺寸是室内空间设计的基本依据，是满足物质和精神需要的重要参考，其重要性不言而喻。因而，室内设计人员需要经常查阅来确定相关的设计内容，而为了提高设计师的日常工作效率，帮助其更方便地了解设计标准，我们编写了此书。

本书为工具书，共有四章，分别为了解人体尺寸、常用家具与设备尺度、家居空间中的尺度要求、商业空间中的尺度要求。注重内容的完整性、实用性、易读性，适合室内设计相关人员查询使用。

本书参考了部分文献和资料，在此衷心表示感谢。因编写时间较短，编者能力有限，若书中有不足和疏漏，还请广大读者给予反馈意见，以便及时改正。

目录

第一章　了解人体尺寸

第二章　常用家具与设备尺度

第三章　家居空间中的尺度要求

第四章　商业空间中的尺度要求

第 一 章

了解人体尺寸

人体尺寸是建筑室内外空间设计以及产品设计的基础，其数值范围因地区、年龄、性别、种族、职业、环境的不同而受到影响。良好的尺度和空间可以给人创造良好的生活、工作情境，使人与机器、空间的交互关系更为科学。通常来说，可以将人体尺寸划分为两种类型，一种是人体基本静态尺寸，一种是人体基本动态尺寸。

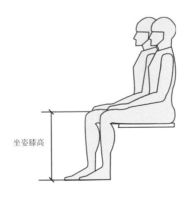

坐姿膝高

人体基本静态尺寸

人体基本静态尺寸又称为人体构造尺寸，它包括头、躯干、四肢在标准状态下测量获得的尺寸。

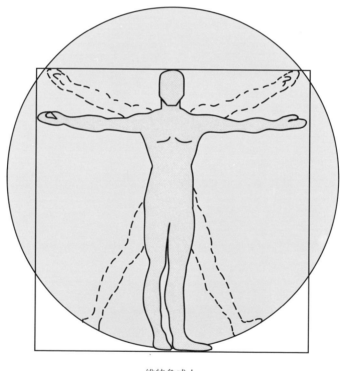

维特鲁威人

达·芬奇根据维特鲁威在《建筑十书》中的描述画出了《维特鲁威人》，展示了完美人体的肌肉构造和比例：一个站立的男人，双手侧向平伸的长度恰好是其高度，双足趾和双手指尖恰好在以肚脐为中心的圆周上

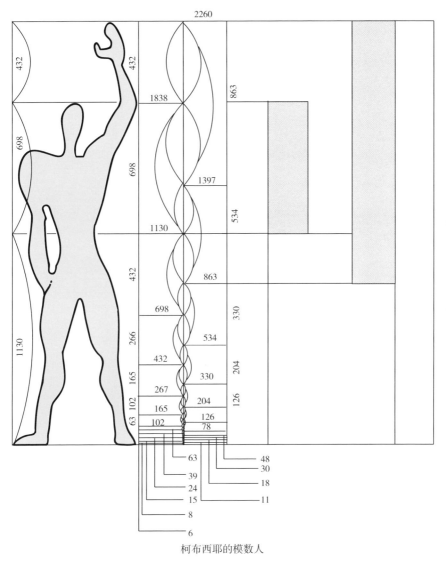

柯布西耶的模数人

模度系统的推导以身高为 6ft（约 1830mm）人作为标准，结合斐波那契数列分析。对人体的分析得出的结论包括以下几个关键数字：举手高 2260mm，身高 1830mm，脐高 1130mm 和垂手高 860mm

成年人体尺寸数据

注：1. 第 5 百分位指 5% 的人的适用尺寸，第 50 百分位指 50% 的人的适用尺度，第 95 百分位是指 95% 的人的适用尺度，可以简单对应成小个子身材，中等个子身材，大个子身材。

2. 表格上行为男性尺寸，下行为女性尺寸。

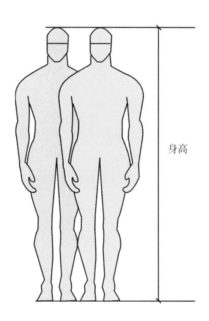

身高

项目	5 百分位	50 百分位	95 百分位
身高	1583	1678	1775
	1483	1570	1659

确定通道和门的最小高度、人头顶上空悬挂家具等障碍物的高度

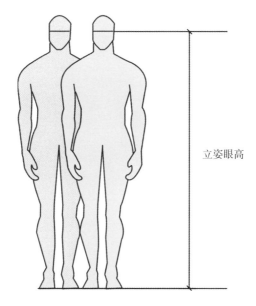

立姿眼高

项目	5百分位	50百分位	95百分位
立姿眼高	1474	1568	1664
	1371	1454	1541

确定人的视线高度，用于布置广告、展品，确定屏风和开敞式大办公室的隔断高度

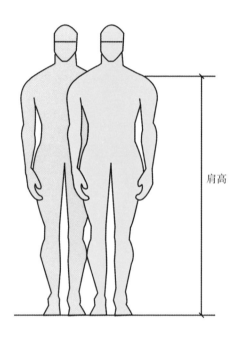

肩高

项目	5 百分位	50 百分位	95 百分位
肩高	1281	1367	1455
	1195	1271	1350

确定人们在行走时，肩部可能触及靠墙搁板等障碍物的高度

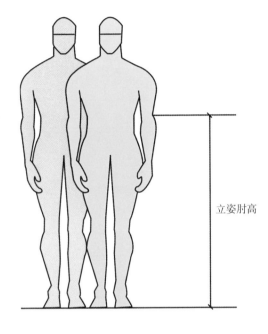

立姿肘高

项目	5 百分位	50 百分位	95 百分位
立姿肘高	1195	1271	1350
	899	960	1023

确定立姿工作表面的舒适高度是低于人肘部高度 75mm

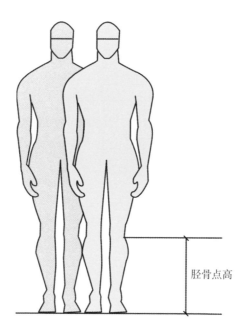

脛骨点高

项目	5百分位	50百分位	95百分位
脛骨点高	409	444	481
	377	410	444

和其他尺寸联合确定立姿桌椅的舒适高度

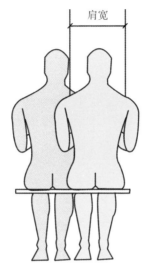

项目	5 百分位	50 百分位	95 百分位
肩宽	344	375	403
	320	388	377

确定环绕桌子的座椅间距、椅背宽度、公用和专用空间的通道间距

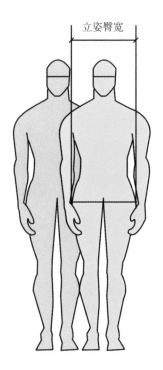

项目	5 百分位	50 百分位	95 百分位
立姿臀宽	282	306	334
	290	317	346

与坐姿臀宽（第 022 页）一同确定座椅内侧尺寸和设计及选用办公室、柜台的椅子

立姿胸厚

项目	5 百分位	50 百分位	95 百分位
立姿胸厚	186	212	245
	170	199	239

确定用来限定储藏柜台及台前最小使用空间的水平尺寸

立姿腹厚

项目	5 百分位	50 百分位	95 百分位
立姿腹厚	160	192	237
	151	186	238

确定人侧身通行时的最小距离，是极限值

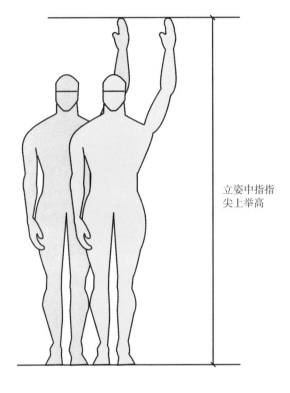

立姿中指指
尖上举高

项目	5 百分位	50 百分位	95 百分位
立姿中指指 尖上举高	1971	2108	2245
	1845	1968	2089

确定限定于上部的柜门、抽屉拉手的高度

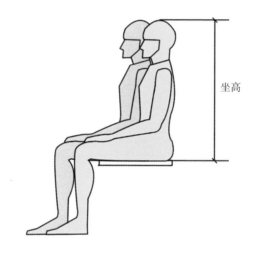

坐高

项目	5 百分位	50 百分位	95 百分位
坐高	858	908	958
	809	855	901

确定座椅上方障碍物的允许高度以及办公室、餐厅、酒吧里的隔断高度

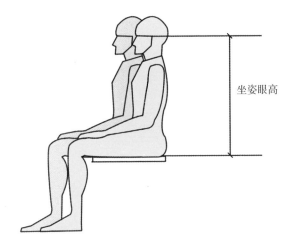

坐姿眼高

项目	5 百分位	50 百分位	95 百分位
坐姿眼高	749	798	847
	695	739	783

确定诸如客厅、KTV 等需要良好视听条件的室内空间视线和最佳视区

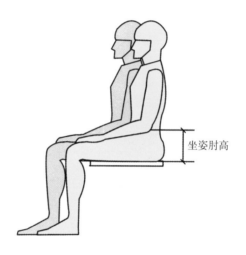

坐姿肘高

项目	5 百分位	50 百分位	95 百分位
坐姿肘高	228	263	298
	215	251	284

与其他数据一同考虑，确定椅子扶手、工作台、书桌、餐桌等的高度

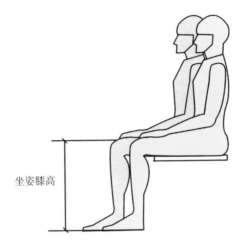

坐姿膝高

项目	5 百分位	50 百分位	95 百分位
坐姿膝高	456	493	532
	424	458	493

确定从地面到书桌、餐桌、柜台、会议桌底面的距离，抽屉下方与地面间的适宜高度以及容膝高度

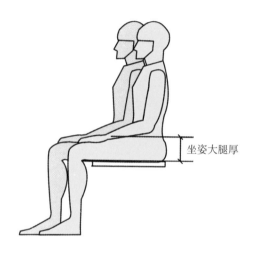

坐姿大腿厚

项目	5 百分位	50 百分位	95 百分位
坐姿大腿厚	112	130	151
	113	130	151

确定台面底到限定椅面的最小垂距

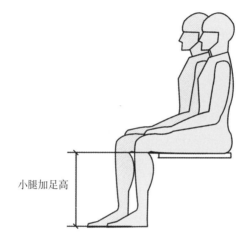

小腿加足高

项目	5 百分位	50 百分位	95 百分位
小腿加足高	383	413	448
	342	382	405

确定座椅面高度的关键尺寸，尤其对于确定座椅前缘的最大高度更为重要

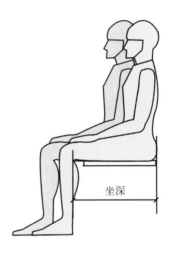

坐深

项目	5 百分位	50 百分位	95 百分位
坐深	421	457	494
	401	433	469

确定座椅中腿的位置以及长凳和靠背椅前面的垂直面以及座椅面的深度

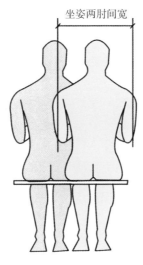

坐姿两肘间宽

项目	5 百分位	50 百分位	95 百分位
坐姿两肘间宽	371	422	489
	348	404	478

确定餐桌、会议桌、柜台、牌桌周围座椅的位置

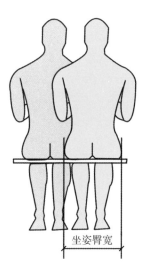

坐姿臀宽

项目	5 百分位	50 百分位	95 百分位
坐姿臀宽	295	321	355
	310	344	382

与立姿臀宽（第 010 页）一同确定座椅内侧尺寸和设计及选用办公室、柜台的椅子

人体基本动态尺寸

人体基本动态尺寸又称为人体功能尺寸，是在人体活动时所测得的尺寸。由于行为和目的的不同，人体活动状态也不同，因而各功能尺寸也会有差异。

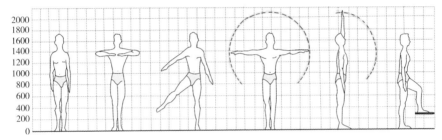

人体基本动作尺度1——立姿、上楼动作尺度及活动空间

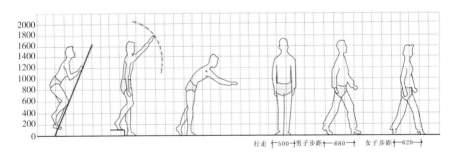

人体基本动作尺度2——爬梯、下楼、行走动作尺度及活动空间

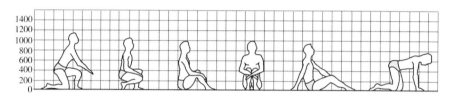

人体基本动作尺度 3——蹲姿、跪坐姿动作尺度及活动空间

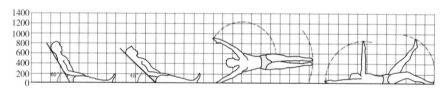

人体基本动作尺度 4——躺姿、睡姿动作尺度及活动空间

第 章

常用家具与设备尺度

家具和设备是设计师设计和规划内部空间的重要法宝，室内的空间由家具来进行分区、隔断、装点，因而在布置时，选用合适的家具尺度便是其中的重中之重。家具按照功能可划分为坐卧类家具、凭倚类家具、收纳类家具、陈设类家具。设备按照功能分类可划分为厨房设备、卫浴设备。

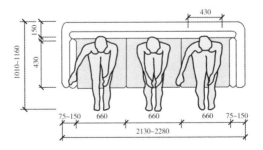

坐卧类家具

　　坐与卧是人们日常生活中最多的姿态，如工作、学习、用餐、休息等都是在坐卧状态下进行的。坐卧类家具的基本功能是使人们坐得舒服、睡得安宁，减少疲劳和提高工作效率。只有符合人体工程学的坐卧类家具才能够将人体的疲劳度降到最低状态，也能保持较高的工作效率。

沙发

1　单人沙发

▶单人沙发

宽　800~950
深　850~900
高　700~900

2　双人沙发

◀双人沙发

宽　1260~1500
深　800~900
高　700~900

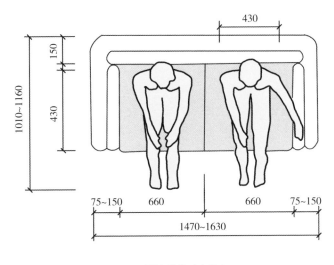

双人沙发（女性）

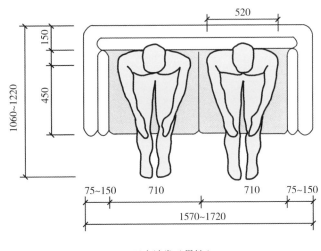

双人沙发（男性）

坐卧类家具

凭倚类家具

收纳类家具

陈设类家具

厨房设备

卫浴设备

沙发和茶几是客厅中的核心家具，尤其是沙发的尺寸决定着整个客厅的空间效果，通常沙发的宽度占墙面的 1/2~2/3

3 三人沙发

▶三人沙发

宽　1750~1960
深　800~900
高　700~900

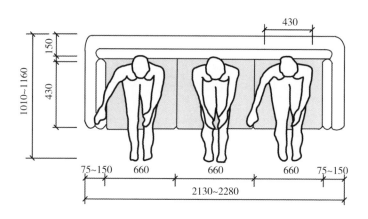

三人沙发（女性）

第二章 常用家具与设备尺度

坐卧类家具

凭倚类家具

收纳类家具

陈设类家具

厨房设备

卫浴设备

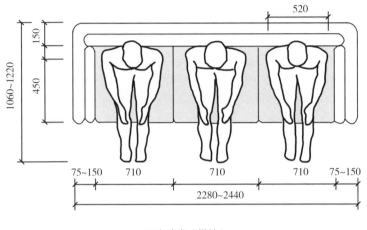

三人沙发（男性）

椅子

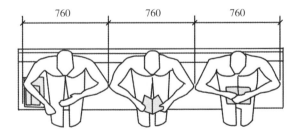

长靠背椅低密度配置

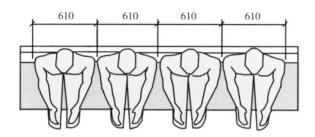

长靠背椅高密度配置

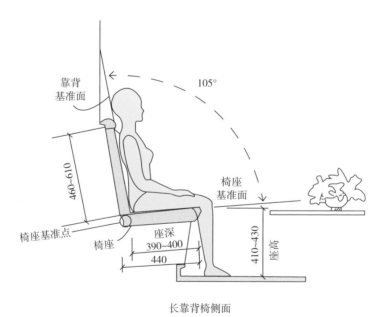

长靠背椅侧面

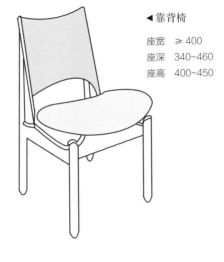

◀靠背椅

座宽　≥ 400
座深　340~460
座高　400~450

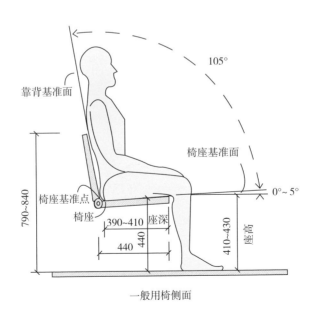

105°

靠背基准面

椅座基准面

790~840

椅座基准点
椅座

390~410　座深
440　440

410~430

座高

0°~ 5°

一般用椅侧面

第二章　常用家具与设备尺度

坐卧类家具

凳椅类家具

收纳类家具

陈设类家具

厨房设备

卫浴设备

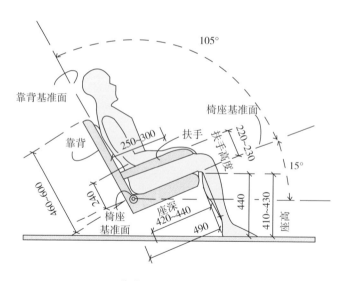

▶轻便椅

座宽　≥480
座深　400~480
座高　400~440

105°

靠背基准面

椅座基准面

靠背

扶手

250~300

扶手高度 220~230

15°

460~600

240

椅座
基准面

座深
420~440

440

490

410~430

座高

靠背可活动扶手椅侧面

第二章　常用家具与设备尺度

坐卧类家具

凭倚类家具

收纳类家具

陈设类家具

厨房设备

卫浴设备

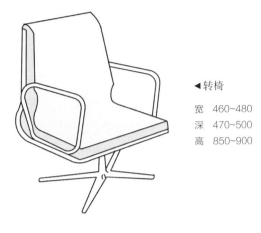

◀转椅

宽　460~480
深　470~500
高　850~900

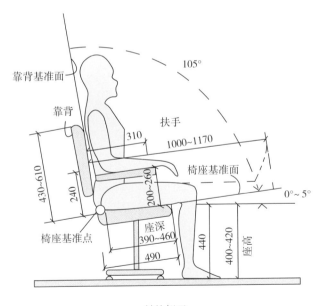

转椅侧面

床

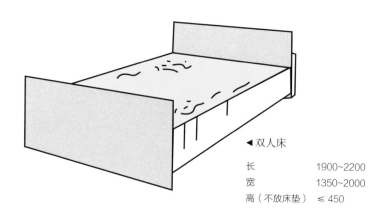

◀双人床

长	1900~2200
宽	1350~2000
高（不放床垫）	≤ 450

▶单人床

长	1900~2200
宽	700~1200
高（不放床垫）	≤ 450

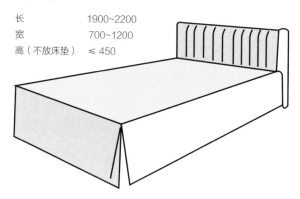

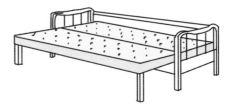

▶折叠沙发床

长　2050~2100

宽　550~600

高　400~440

◀双层床

长	1900~2020
宽	800~1520
高（不放床垫）	≤ 450

▶婴儿床

长　1000~1250

宽　550~700

高　900~1100

第二章　常用家具与设备尺度

坐卧类家具

凭倚类家具

收纳类家具

陈设类家具

厨房设备

卫浴设备

凭倚类家具

凭倚类家具是人们工作和生活所必需的辅助性家具。这类家具的基本功能是适应人在坐、立状态下，进行各种操作活动时，取得相应舒适及方便的辅助条件。

几类

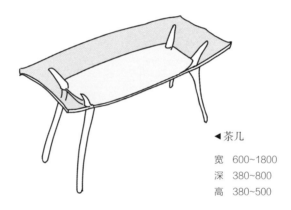

◀茶几

宽　600~1800
深　380~800
高　380~500

坐式用桌类

▶长方桌

宽　　　≥600
深　　　≥400
净空高　≥580

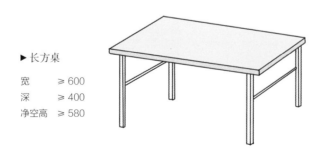

卧类家具

凭倚类家具

收纳类家具

陈设类家具

厨房设备

卫浴设备

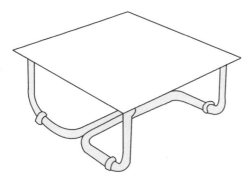

◀ 正方形桌

宽	≥ 600
深	≥ 600
净空高	≥ 580

▶ 圆桌

直径	≥ 600
净空高	≥ 580

◀ 梳妆台

宽	≥ 500
深	610~760
桌面高	≤ 740

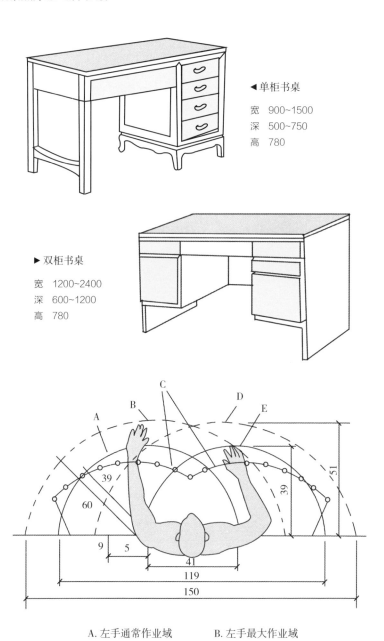

◀ 单柜书桌

宽　900~1500
深　500~750
高　780

▶ 双柜书桌

宽　1200~2400
深　600~1200
高　780

A. 左手通常作业域　　　B. 左手最大作业域

C. 双手联合通常作业域　D. 右手最大作业域

E. 右手通常作业域

站式用桌类

第二章 常用家具与设备尺度

卧室类家具

凭倚类家具

收纳类家具

陈设类家具

厨房设备

卫浴设备

◀站立式工作桌

宽　500~1100
深　400~500
高　950~1050

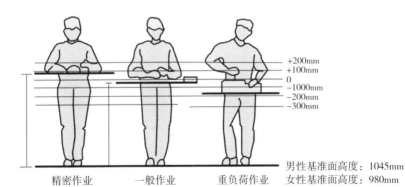

+200mm
+100mm
0
−1000mm
−200mm
−300mm

精密作业　　　一般作业　　　重负荷作业

男性基准面高度：1045mm
女性基准面高度：980mm

收纳类家具

◀五斗橱

宽　900~1350
深　500~600
高　1000~1200

▶床头柜

宽　400~600
深　300~450
高　450~760

◀壁柜

宽　800~1800
深　400~550
高　1500~2000

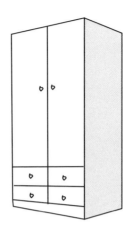

► 双门衣柜

宽　1000~1200
深　530~600
高　2200~2400

◄ 三门衣柜

宽　1200~1350
深　530~600
高　2200~2400

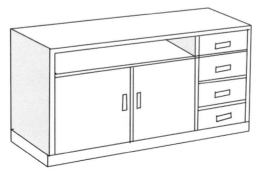

◄ 餐边柜

宽　800~1800
深　350~400
高　600~1000

第二章　常用家具与设备尺度

卧类家具

凭倚类家具

收纳类家具

陈设类家具

厨房设备

卫浴设备

▶ 厨房收纳柜

宽　400~1200
深　350~500
高　800~1200

◀ 玄关雨伞柜

宽　800~1200
深　250~300
高　650~1200

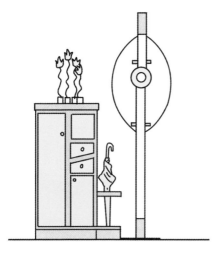

▶ 衣帽柜

宽　无要求，可根据空间具体规划
深　350~430
高　1350~1650

◀ 玄关鞋柜

宽 800~1200
深 250~300
高 650~1200

▶ 书柜

宽 600~900
深 300~400
高 1200~2200

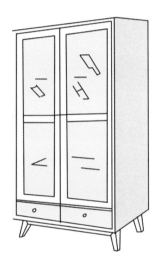

◀ 文件柜

宽 450~1050
深 400~450
高 1800~2200

坐卧类家具

凭倚类家具

收纳类家具

陈设类家具

厨房设备

卫浴设备

陈设类家具

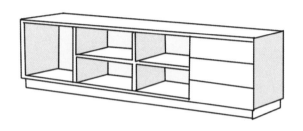

▲ 电视柜

宽 800~2000 深 350~500 高 400~550

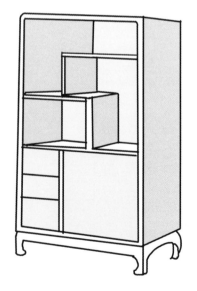

▶ 装饰柜

宽 800~1500
深 300~450
高 1500~1800

第二章 常用家具与设备尺度

坐卧类家具

凭倚类家具

收纳类家具

陈设类家具

厨房设备

卫浴设备

◀玄关壁柜

宽　800~1500
深　300~400
高　1600~2000

▶玄关装饰柜

宽　无要求，可根据
　　空间具体规划
深　250~300
高　450~1200

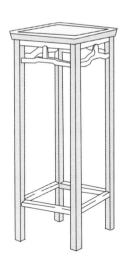

◀玄关花架

宽　350~400
深　350~400
高　800~870

厨房设备

厨房设备是为实现对食物的加工、储藏等一系列活动的一种工具。

厨房电器

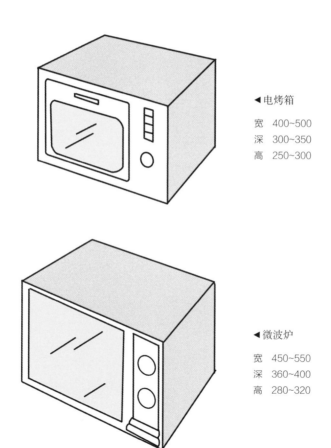

◀电烤箱

宽　400~500
深　300~350
高　250~300

◀微波炉

宽　450~550
深　360~400
高　280~320

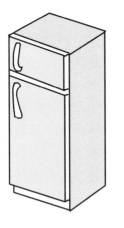

◀ 冰箱

宽　550~750

深　500~600

高　1100~1650

睡卧类家具

凭倚类家具

收纳类家具

陈设类家具

厨房设备

卫浴设备

燃气灶

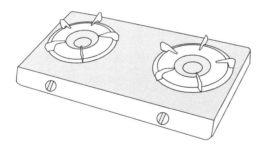

◀ 台式燃气灶

宽　740~760

深　405~460

高　80~150

▶ 镶嵌式燃气灶

宽　630~780

深　320~380

高　80~150

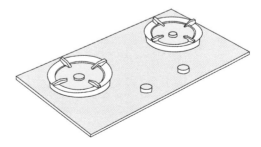

卫浴设备

现代家装中，卫浴设备是必不可少的一项产品，其基本的要求通常为表面光滑、不透水、防潮、耐腐蚀、耐冷热、易于清洗和经久耐用等。

盥洗设备

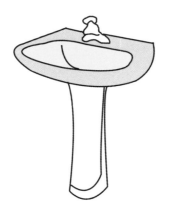

◀立式洗脸盆

宽　590~750
深　400~475
高　800~900

◀台盆柜

宽　600~1500
深　450~600
柜高　800~900（台柜设计）
　　　450~650（吊柜设计）

◀碗盆柜

宽　　600~1200
深　　400~550
柜高　600~700（台柜）
　　　350~400（吊柜）

第二章　常用家具与设备尺度

坐卧类家具

凭倚类家具

收纳类家具

陈设类家具

厨房设备

卫浴设备

洗浴设备

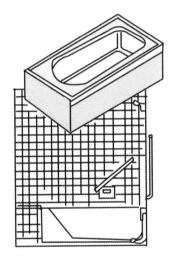

◀浴缸

长　1500~1900
宽　700~900
高　580~900

▶电热水器

长　700~1000
直径　380~500

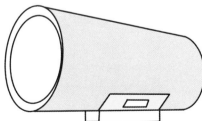

清洁设备

◀滚筒式洗衣机

宽　600
深　450~600
高　850

便溺设备

◀坐便器

宽　　400~490
高　　700~850
座高　390~480
座深　450~470

家居空间中的尺度要求

住宅是人们经常停留的空间之一，它的空间尺度及其内部的家具设备相互的尺寸关系是决定了人们的生活质量的因素之一。根据功能的不同，我们可以把住宅划分为客厅、餐厅、卧室、厨房、卫浴间，不同空间的尺寸与关系也不尽相同，因而只有解决了相关尺寸问题，才能打造舒适的家居空间。

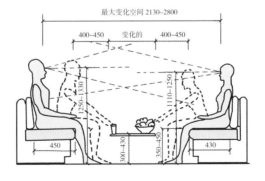

客厅

客厅是家庭生活中使用最频繁、动线最复杂、功能最多样的空间之一，它是家庭成员的聚会场所，也是空间组织的重头戏，因而客厅中的尺度要达到舒适、宽敞的要求。合理把控家具与人、家具与家具之间的尺度关系是进行室内设计的基础之一。

客厅常见家具布置形式

客厅沙发和茶几的布置方式可以粗略地划分为面对面型、一字型、U 字型、L 字型四种。

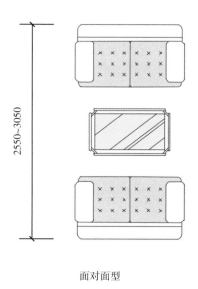

面对面型

可随着客厅大小变换沙发及茶几的尺寸，灵活性较强，更适合会客时使用

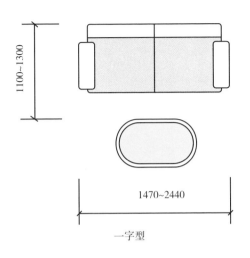

1100~1300

1470~2440

一字型

一字型沙发的布置方式适合小户型的客厅使用，元素较为简单

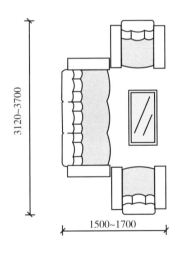

3120~3700

1500~1700

U 字型

U 字型适用于大面积的客厅，这种团坐的布置方式使得氛围更亲近

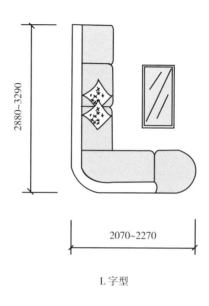

L 字型

L 字型是客厅最常见的布置方式，可以采用"L"形的沙发组，也可以用 3+2 或者 3+1 的沙发组合

聚会与交流尺度

客厅的聚会交流功能是其所有功能的核心，因而是客厅空间布置的重点区域。其主体是由沙发、桌椅、茶几等组成的团聚、休闲区域，因而只有把握好这几类家具相对于人体的舒适范围，才能营造良好的空间氛围。

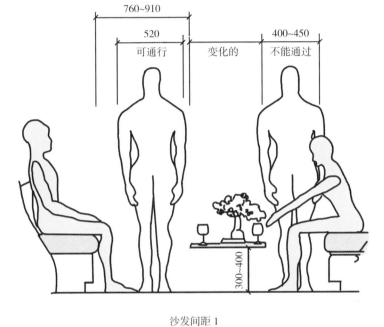

沙发间距 1

沙发与茶几之间的通道可根据通行时的具体形态确定。若侧身通过，沙发与茶几之间的距离可以按照 650~700mm 的标准来摆放

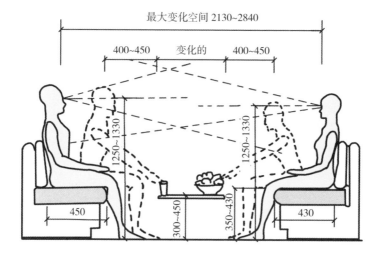

沙发间距 2

正坐时，沙发与茶几之间的间距可以取 300mm，但通常以 400~450mm 为最佳标准

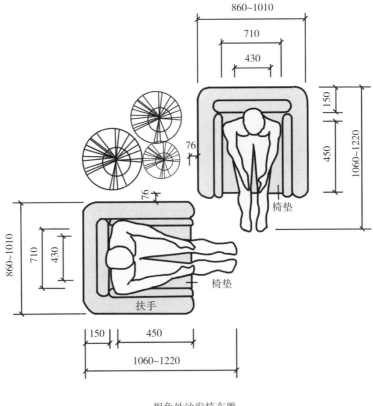

拐角处沙发椅布置

沙发左右可留出 400~600mm 的距离来摆放边桌或绿植

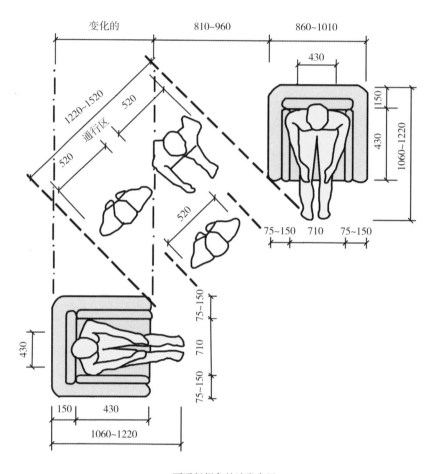

可通行拐角处沙发布置

通行宽度可根据人流股数来确定，单股人流通过按照 520mm 计算，若是有搬运东西需要的通道，最好能够留出 800mm 甚至 900mm 以上的空间

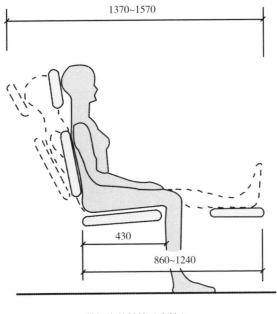

带搁脚的躺椅（女性）

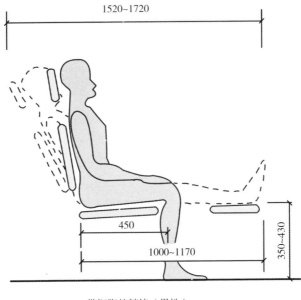

带搁脚的躺椅（男性）

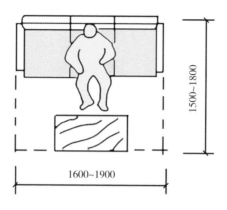

1500~1800

1600~1900

三人沙发前后尺寸

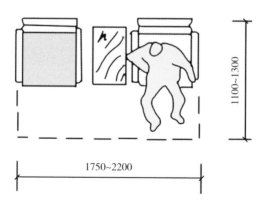

1100~1300

1750~2200

沙发、茶几并列

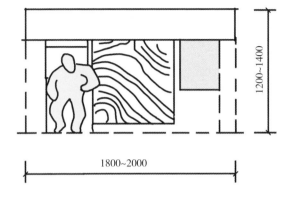

靠背椅、八仙桌组合

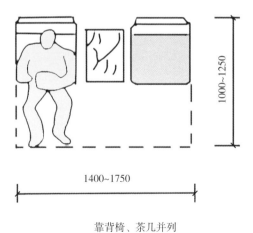

靠背椅、茶几并列

视听区尺度

为保证良好的视听效果，在选择时可依靠公式计算

最佳观看距离 = 电视高度 ×3

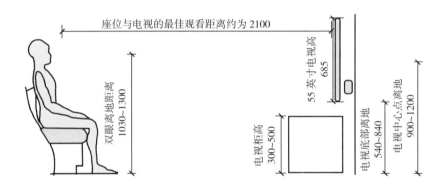

座位与电视的最佳观看距离约为 2100

55 英寸电视高 685

双眼离地距离 1030~1300

电视柜高 300~500

电视底部离地 540~840

电视中心点离地 900~1200

视听尺寸

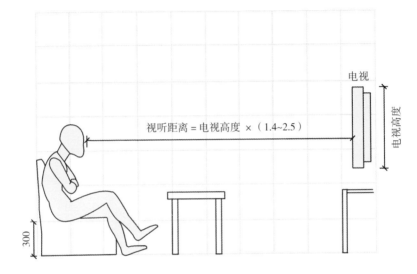

电视

视听距离 = 电视高度 × （1.4~2.5）

电视高度

300

通常情况下，老年人由于年龄渐长会有驼背、视力下降的情况出现。因此，在以老年人为主的视听区布置时，应该减少老人和屏幕之间的距离或者选择较大的屏幕，同时，在电视的布置高度上也要适当地降低。这样，才能为老人提供质量较高的视听享受

陈列尺度

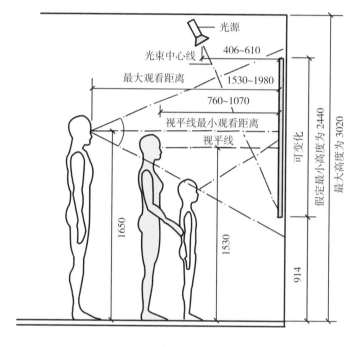

光源

光束中心线

最大观看距离

406~610

1530~1980

760~1070

视平线最小观看距离

视平线

可变化

假定最小高度为2440

最大高度为3020

1650

1530

914

陈列尺寸

客厅收纳尺度

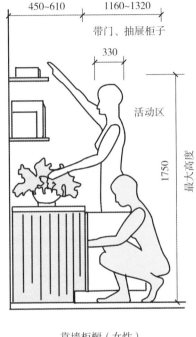

450~610   1160~1320

带门、抽屉柜子

330

活动区

1750

最大高度

靠墙柜橱（女性）

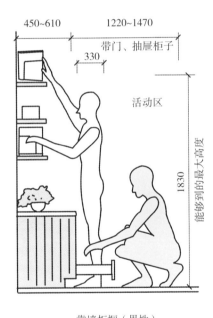

450~610   1220~1470

带门、抽屉柜子

330

活动区

1830

能够到的最大高度

靠墙柜橱（男性）

由于拿取东西时需要弯腰或者蹲下，因而需要在柜子前方预留一定的空间

餐厅

餐厅是家庭成员用餐的场所，其整体的家具布置形式以及家具与人的合理关系是设计的重点。

餐厅常见家具布置形式

餐厅形式根据空间的不同可以划分为餐厨合并式、独立式、客餐合并式三种。

1 餐厨合并式

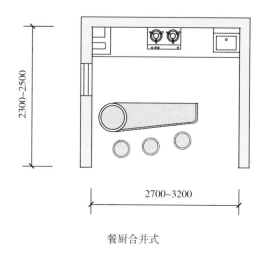

餐厨合并式

多见于西式的岛台或者半岛台厨房

2 独立式餐厅

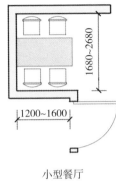

小型餐厅

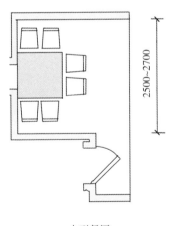

中型餐厅

分割室内空间时，可以采用纱帘、绿植、矮柜等来获得限定的区域

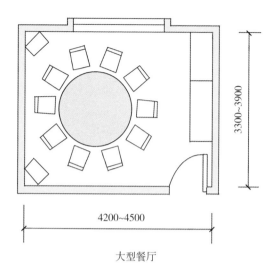

大型餐厅

3 客餐合并式

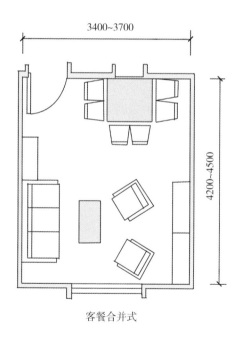

客餐合并式

餐厅与客厅合设时，需要预留人在两个功能空间中穿行的足够空间，一般情况下可按照一股人流计算，因而走道净尺寸应大于 600mm

就餐区尺度

在设计餐厅空间时，确定就餐面、就座间距与就餐高度是餐厅人体尺寸中需要了解的主要内容。

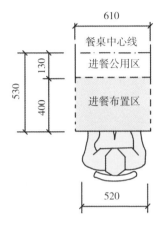

最小进餐布置尺寸

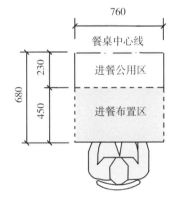

最佳进餐布置尺寸

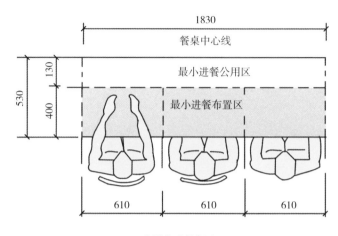

三人最小进餐布置

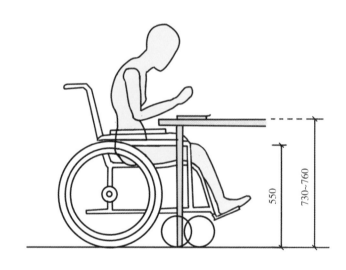

坐轮椅者进餐面高度

乘坐轮椅的人膝盖高度要比正常坐姿人高 40~50mm，所以要注意保证餐桌下沿高度足够，从而方便入座

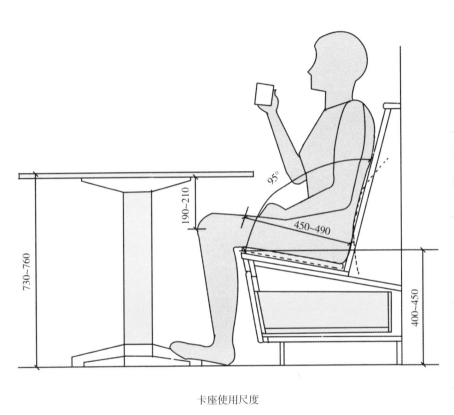

卡座使用尺度

卡座的后背和座椅下方能够提供储物空间，是增加储物空间的好方式

桌椅高度可以根据使用者尺寸按照公式确定：

一般座面高 = 身高 X0.25-10

桌面高 = 身高 X0.25-10+ 身高 X0.183-10

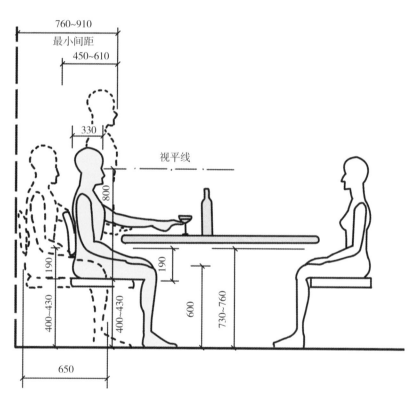

最小就座间距（不能通行）

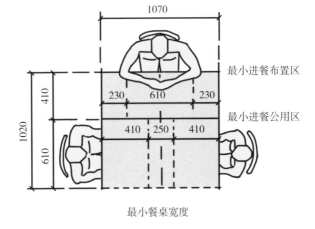

最小餐桌宽度

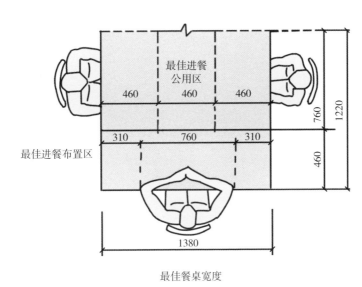

最佳餐桌宽度

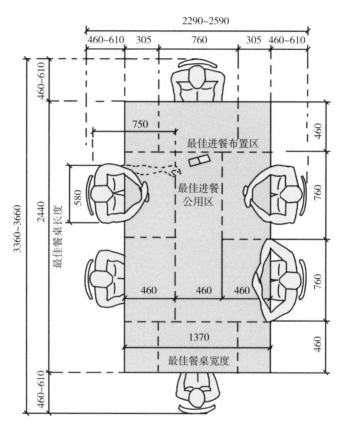

六人用矩形餐桌

一般来说，一个人所占就餐面的尺寸为460mm×760mm，可以按照这个标准根据家庭成员人数来确定餐桌的尺度

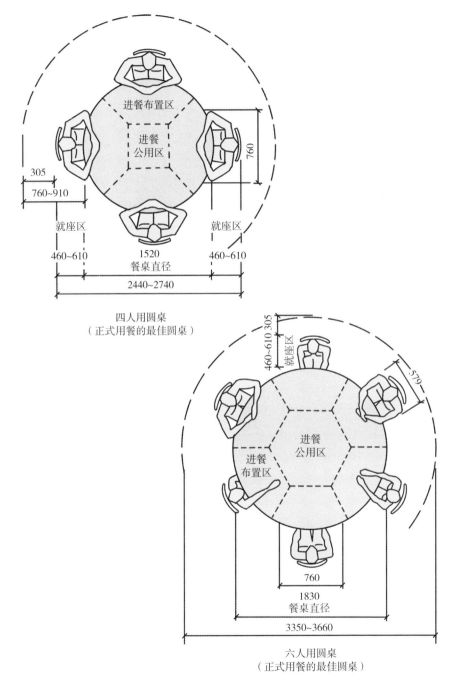

进餐布置区

进餐
公用区

760

305

760~910

就座区

就座区

460~610

1520
餐桌直径

460~610

2440~2740

四人用圆桌
（正式用餐的最佳圆桌）

460~610 305

就座区

579

进餐
公用区

进餐
布置区

760

1830
餐桌直径

3350~3660

六人用圆桌
（正式用餐的最佳圆桌）

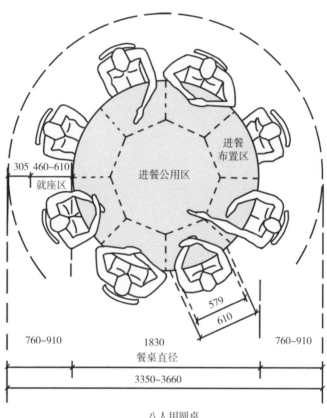

305 460~610

就座区

进餐
布置区

进餐公用区

579

610

760~910

1830

760~910

餐桌直径

3350~3660

八人用圆桌
（正式用餐的最佳圆桌）

餐厅收纳尺度

　　餐厅收纳的家具主要是柜类产品，通常放置一些杂物，如就餐工具、零食饮品、厨房电器等。

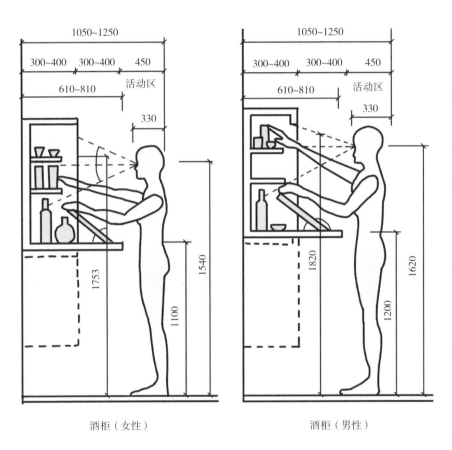

酒柜（女性）　　　　　　　　　　酒柜（男性）

卧室

卧室是供人休憩的地方，具有私密性、静谧性。因而在卧室的布置时需要尽可能符合人的作息习惯，创造适宜、方便的卧室空间。

卧室常见家具布置形式

卧室家具的布置方式可以按照房间的尺度大致分为纵向布置类型和横向布置类型这两种。

1 纵向布置的卧室

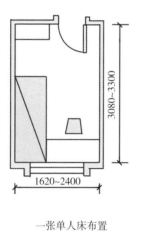

一张单人床布置

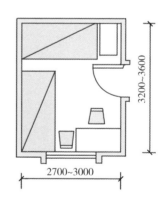

两张单人床布置1

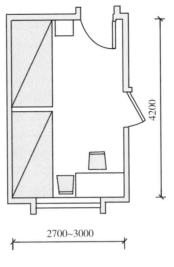

4200

2700~3000

两张单人床布置 2

2900~3300

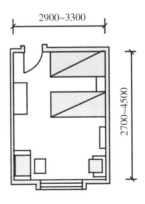

2700~4500

两张单人床布置 3

采用单人床的卧室一般空间面积较小，因而在布置时尽量把床沿墙布置，以减少走道的交通面积

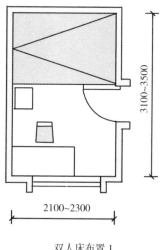

3100~3500

2100~2300

双人床布置 1

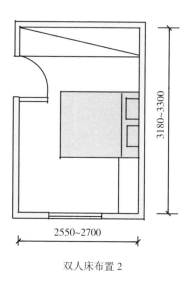

3180~3300

2550~2700

双人床布置 2

双人床在纵向房间布置时要注意门不要直接对床，以免开门时一览无余，从而丧失私密性和安全感

2 横向布置的卧室

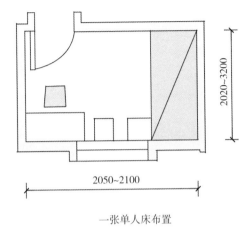

2050~3200

2050~2100

一张单人床布置

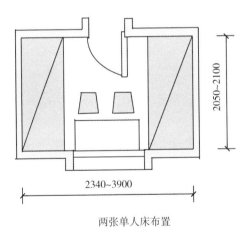

2050~2100

2340~3900

两张单人床布置

以上布置方式适用于房间小、人口多的情况，可选取能储物的或者下方无遮挡的单人床

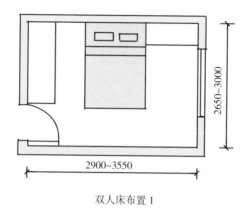

双人床布置 1

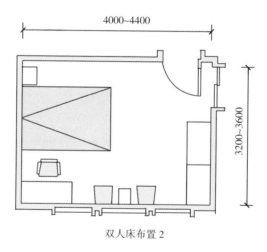

双人床布置 2

睡眠区尺度

床是睡眠区主要的承担者，它能为人们创造良好的休息环境。一般情况下，若空间足够，床的尺寸可尽量选择大一点的，以保证充足的空间。

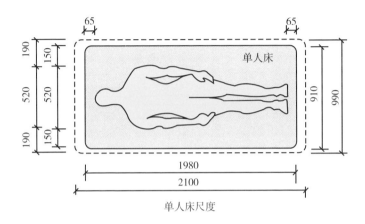

单人床尺度

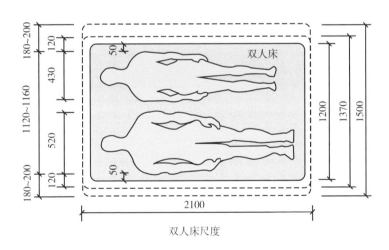

双人床尺度

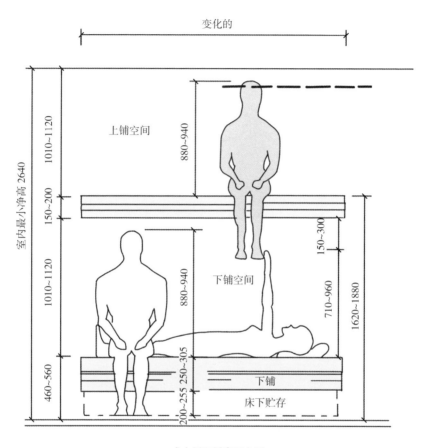

成人用双层床正立面

双层床主要是为了节省空间而设计的，是在以往的床上方增加一个床位的家具形式

成人用双层床侧立面

成人双层床常见于合租的单身公寓或者是宿舍中，其共同的特点是卧室面积小、居住人口多

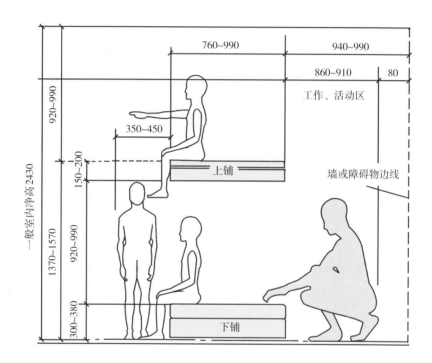

儿童双层床

儿童双层床通常靠墙摆放，在摆放时需要根据上层床的通行道留出相应空间

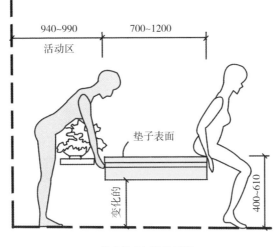

单床间床与墙的间距

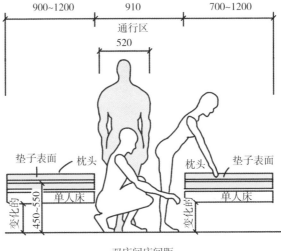

双床间床间距

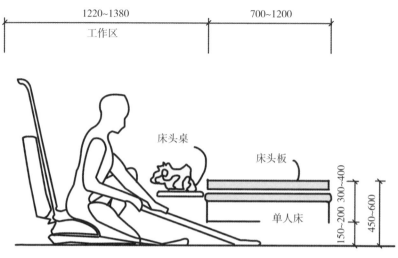

1220~1380　　　　　　　700~1200

工作区

床头桌

床头板

单人床

150~200　300~400

450~600

打扫床下所需间距

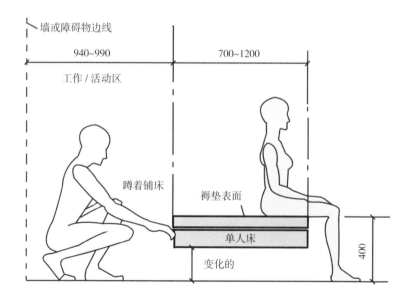

墙或障碍物边线

940~990　　　　　　　700~1200

工作 / 活动区

蹲着铺床

褥垫表面

单人床

变化的

400

蹲着铺床间距

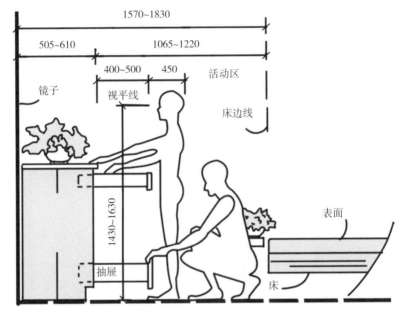

小衣柜与床的间距

带有下层抽屉的衣柜和床之间的距离在摆放时尽量预留出人下蹲状态取物的距离，若不预留，则需要人坐在床上拿取，可能造成不便

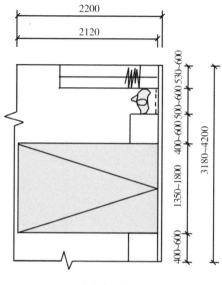

卧室布置尺度 1

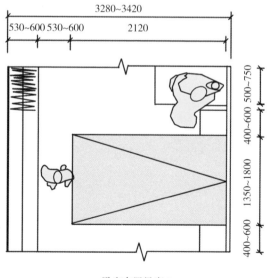

卧室布置尺度 2

视听区尺度

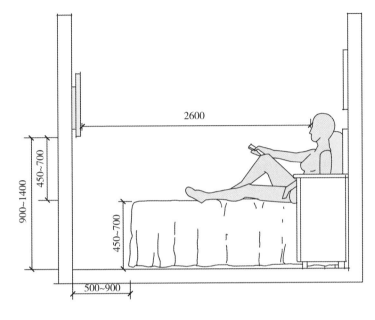

看电视尺度

工作与阅读区尺度

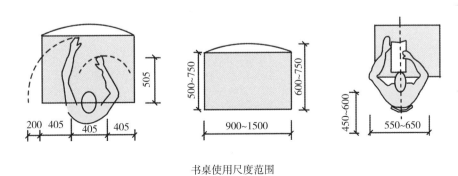

书桌使用尺度范围

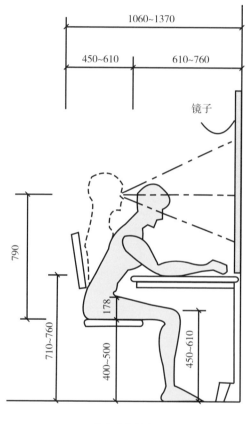

书桌或梳妆台

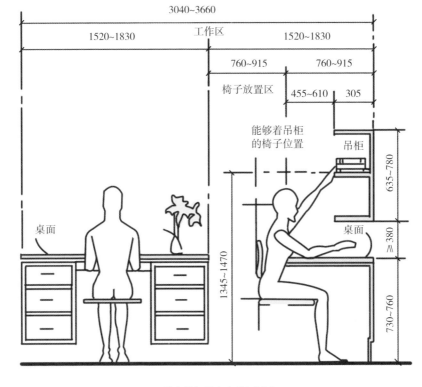

设有吊柜的书桌使用尺度

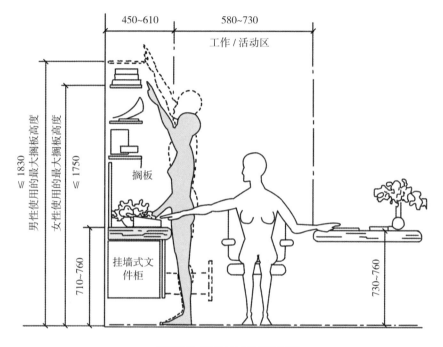

靠墙布置书柜与书桌的使用尺度

在卧室进行学习活动时，日常工作所需要的文件架、笔筒等摆放的距离应该接近手臂的长度，大约500~600mm。书架搁板的高度间距应为380~400mm

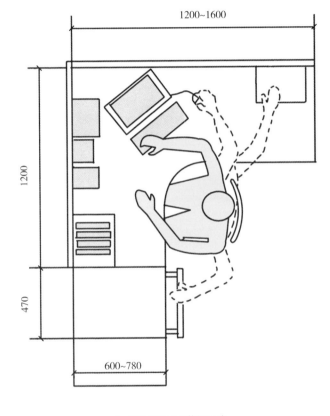

含电脑书桌平面使用尺度

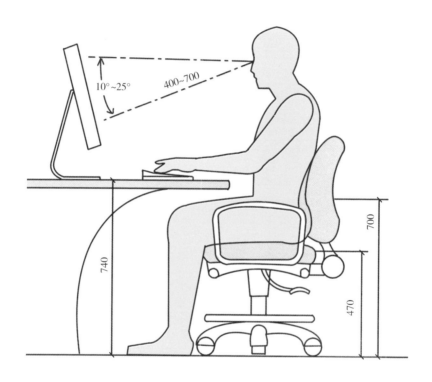

含电脑书桌立面使用尺度

梳妆区尺度

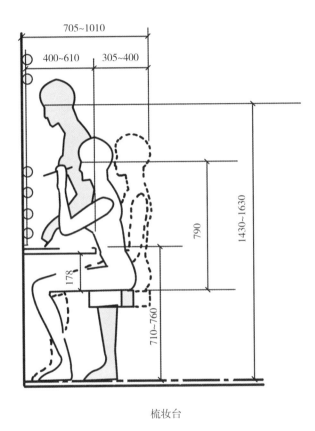

梳妆台

一般梳妆台的宽度为 600~780mm，抽屉的长度一般为 300~500mm，计算时要加入人的宽度 450mm

收纳尺度

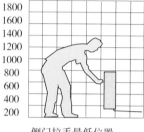

侧门拉手最低位置

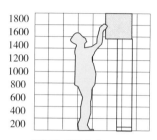

侧门拉手最高位置

玻璃推拉门拉手最低及最高位置

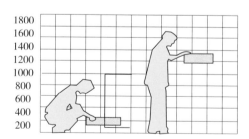

抽屉最低及最高位置

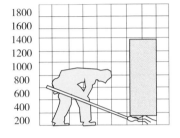

柜子下缘最低位置

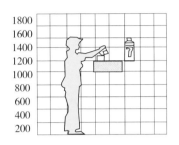

小衣柜上皮最高位置

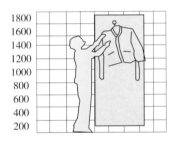

挂衣棍的最高位置

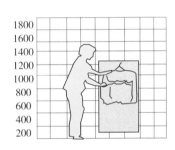

挂衣棍的最低位置

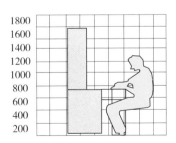

翻门兼写字台的位置

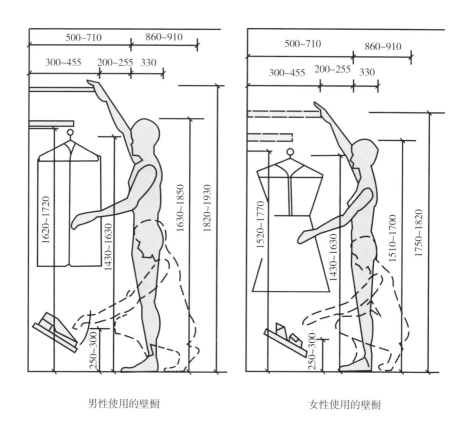

男性使用的壁橱　　　　　　　　女性使用的壁橱

存储短衣服，可以把衣柜分为上下两部分，最佳间距是 800~1000mm。一件大衣或长裙最佳离地高度为
1600~1800mm，裤架的高度应该在 600~750mm 之间

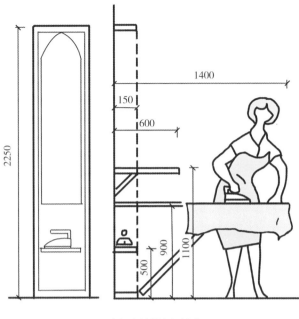

衣柜中的熨衣架尺度

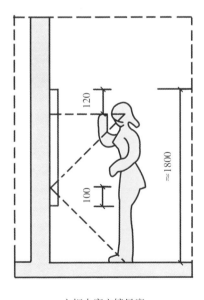

衣柜中穿衣镜尺度

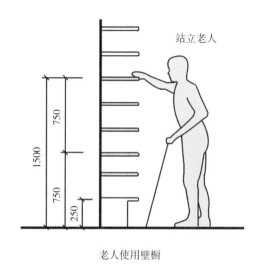

老人使用壁橱

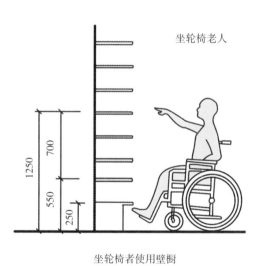

坐轮椅者使用壁橱

老人的壁橱尽量不选取高柜、吊柜等，也不建议选择进深加大的柜体，这些都会导致老人拿取不便，对于体弱的老人来说，很有可能会被砸伤

1930 男性
1720 女性

500~710

300~450

450

挂衣贮存

760

门洞最小宽度

860~910

300~450

搁板贮存

变化的

1060 女性
1160 男性

500~710

860~910

760

门洞最小宽度

挂衣贮存

500~710

300~450

衣帽间尺寸

以上为衣帽间的理论最小尺寸，实际设计时可根据是否有足够面积设置

厨房

厨房的主要功能是烹调、洗涤，有的还具备就餐功能，是家务劳动进行的最多的区域之一，因而在设计厨房时，更需要考虑人的尺寸和活动尺寸，以便更好地满足需要。

厨房常见家具布置形式

厨房在布局时需要满足有足够的操作空间、储物空间等条件，要满足这些条件，则需要根据人在厨房中的活动来进行规划。

1 厨房的布局原则

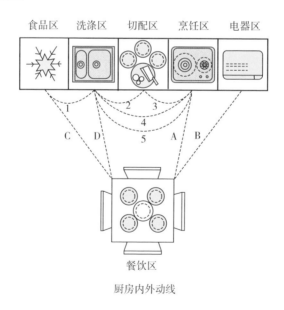

厨房内外动线

数字为内部动线，字母为外部动线

厨房布局是顺着食品的贮存、准备、清洗和烹饪的顺序安排的，应沿着三项主要设备即炉灶、冰箱和洗涤池组成一个三角形，这三边之和以 3.6~6m 为宜，过长和过小都会影响操作。

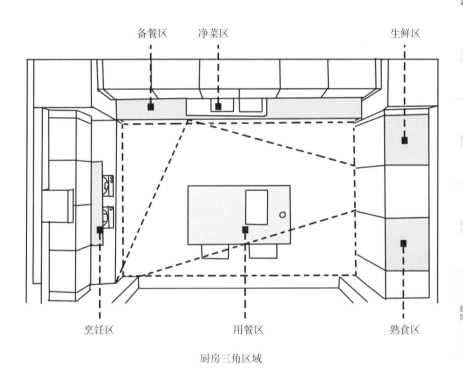

厨房三角区域

三者之间的距离要确保不重复、不拖沓。若动线过长，会增加往返的距离，降低工作效率，加快疲劳。动线过短，则会产生互相干扰的情况，不易于操作

2 厨房布置方式

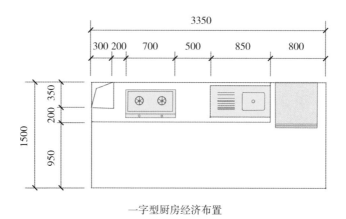

一字型厨房经济布置

极限布置尺寸 2100mm×1500mm，需配置单眼燃气灶、洗涤槽

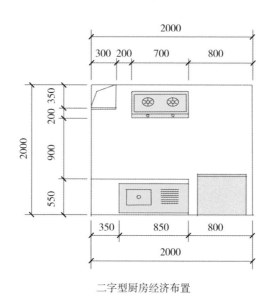

二字型厨房经济布置

极限布置尺寸 2100mm×1900mm，需配置单眼燃气灶、洗涤槽

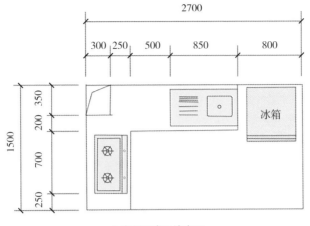

L字型厨房经济布置

极限布置尺寸 2100mm×1500mm，需配置单眼洗涤槽

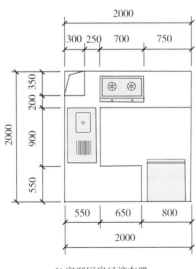

U字型厨房经济布置

极限布置尺寸 2100mm×1900mm，需配置单眼洗涤槽并置于非管道的一侧，燃气灶置于"U"字的底部

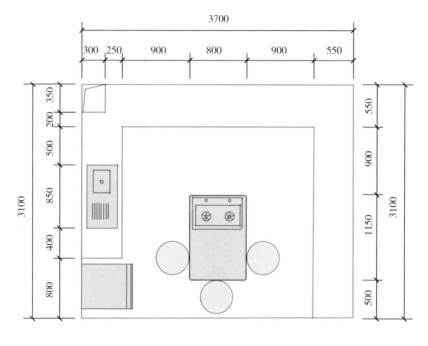

岛式厨房布置

岛式厨房一般是在一字型、L 字型或者 U 字型厨房的基础上加以扩展，中部或者外部设有独立的工作台，呈现岛状

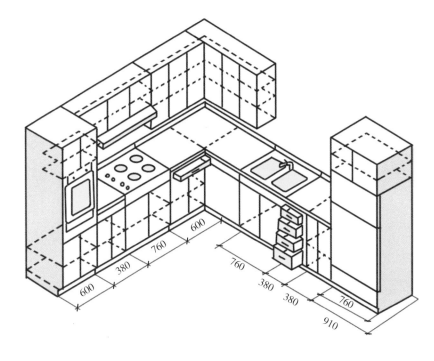

整体橱柜示例

通常吊柜深度为 330mm 或者 350mm，特殊结构吊柜如转角吊柜基本取 650～750mm

净菜区尺度

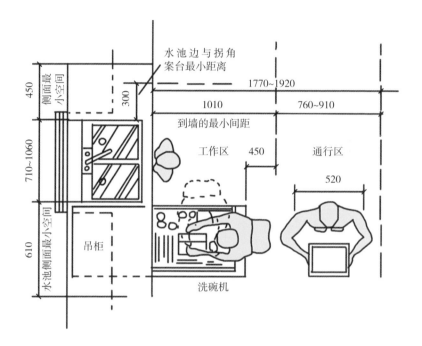

水池边与拐角案台最小距离

1770~1920

1010   760~910

到墙的最小间距

工作区   450   通行区

520

450
侧面最小空间

710~1060

610
水池侧面最小空间

吊柜

洗碗机

300

水池布置平面尺寸

在条件允许的情况下可以将橱柜工作区台面划分为不等高的两个区域。水槽、操作台为高区，燃气灶为低区

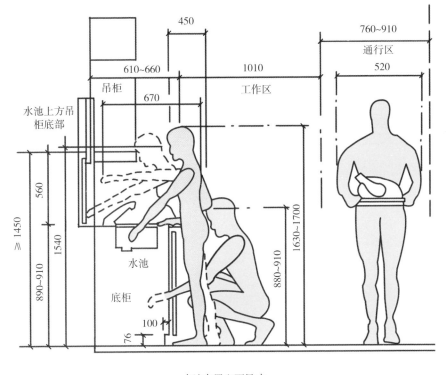

水池布置立面尺寸

烹饪区尺度

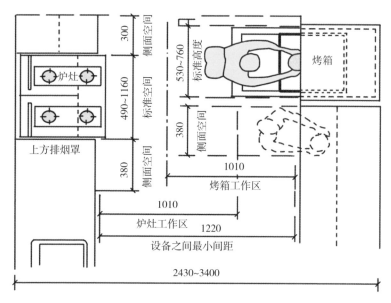

炉灶布置平面

炉灶布置立面

备餐区尺度

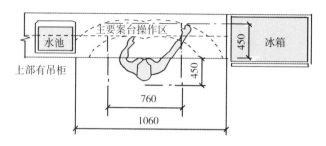

调制备餐布置

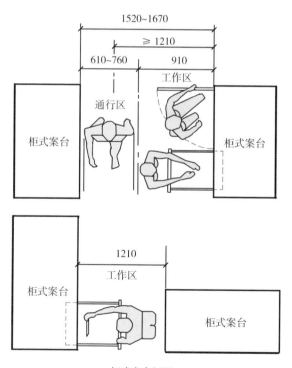

柜式案台间距

300~330

搁板 吊柜

下面没有柜式案台时案高可达1930（男性）1820（女性）

1500（女性）

640

最舒适的存取区

610~660

380

1540（男性）

880~910

450

下面有柜式案台能够到1820（男性）

1750（女性）

人能够到的最大高度

案台的操作面尺寸应根据使用者以及其就餐习惯来确定，如：操作者前臂平抬，从手肘向下 100~150mm 的高度为厨房台面的最佳高度

115

收纳尺度

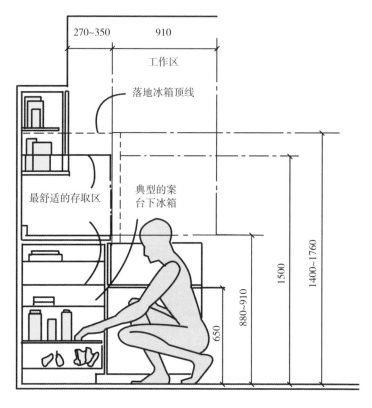

270~350　　910

工作区

落地冰箱顶线

最舒适的存取区

典型的案台下冰箱

1400~1760

1500

880~910

650

冰箱布置立面尺寸 1

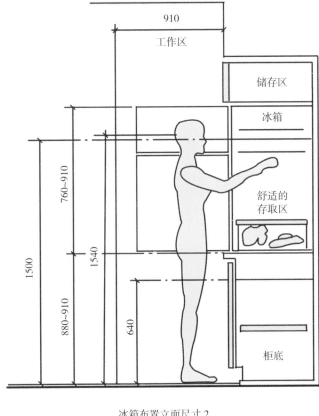

冰箱布置立面尺寸 2

冰箱如果是后面散热的，两边要各留 50mm，顶部留 250mm，这样冰箱的散热性能才好，从而不影响正常运作

卫浴

卫浴间是住宅空间使用最频繁的区域，但其空间小、管线复杂，因而在设计时有些难度。在布局规划时，应当重视人和设备之间、设备和设备之间的关系。

卫浴常见家具布置形式

卫浴区域根据设备的分区摆放可以分为兼用型、折中型、独立型三种。

1 兼用型

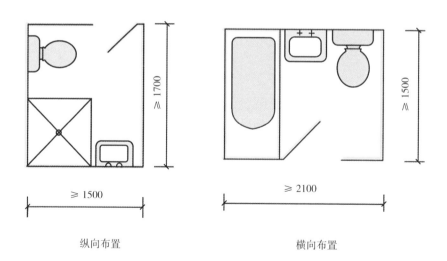

纵向布置　　　　　　　　　　　　横向布置

2 折中型

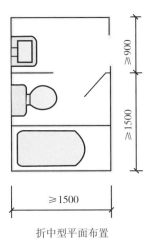

折中型平面布置

3 独立型

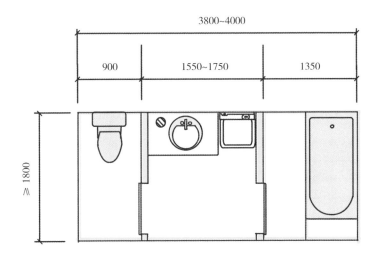

独立型平面布置

盥洗区尺度

1 盥洗设施与人体尺寸

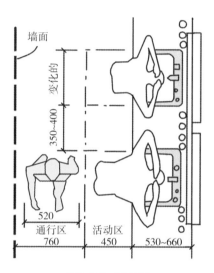

洗脸盆平面及间距

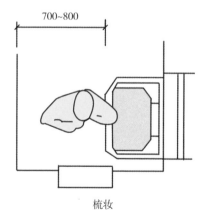

梳妆

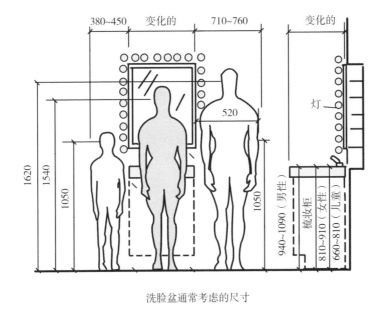

洗脸盆通常考虑的尺寸

一般洗脸台的高度为 800~1100mm，理想情况一般为 900mm，这也是符合大多数人需求的标准尺寸

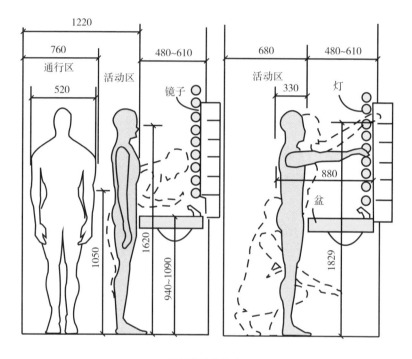

男性洗脸盆尺寸

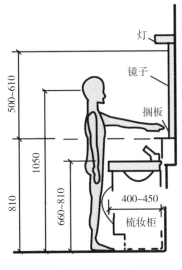

儿童洗脸盆尺寸

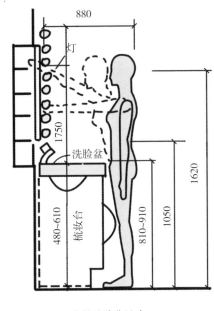

女性洗脸盆尺寸

2 盥洗设备布置尺寸

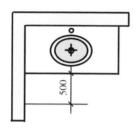

单洗脸台推荐距离

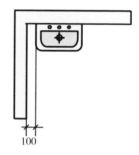

立式洗脸盆距墙最小距离

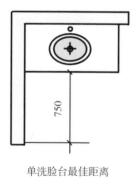

单洗脸台最佳距离

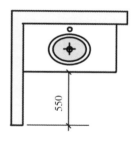

单洗脸台最小距离

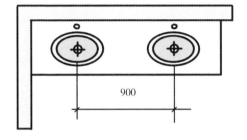

双洗脸台最佳距离

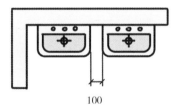

双洗脸台盆之间的最小距离

双台盆能够满足两人同时使用，适用于卫浴空间较大以及家庭人口数量较多的群体

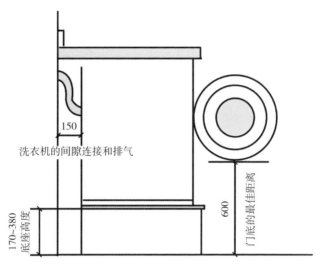

150

洗衣机的间隙连接和排气

170~380 底座高度

600 门底的最佳距离

洗衣机布置尺寸

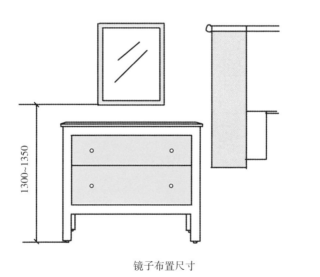

1300~1350

镜子布置尺寸

如厕区尺度

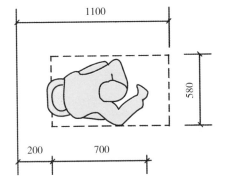

蹲式大便器（朝内）

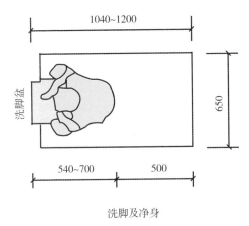

洗脚及净身

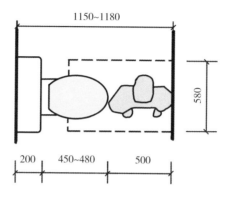

整衣平面

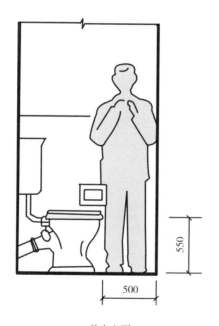

整衣立面

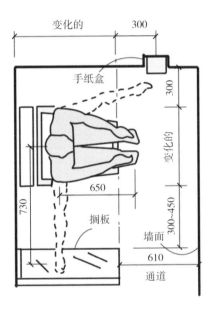

坐便器立面

坐便器平面

洗浴区尺度

1 洗浴设施与人体尺寸

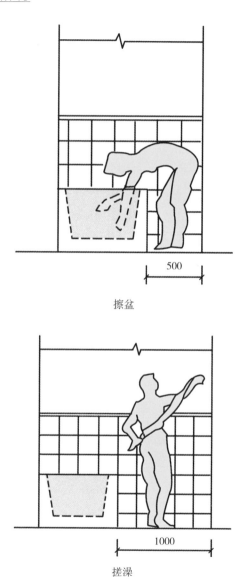

500

擦盆

1000

搓澡

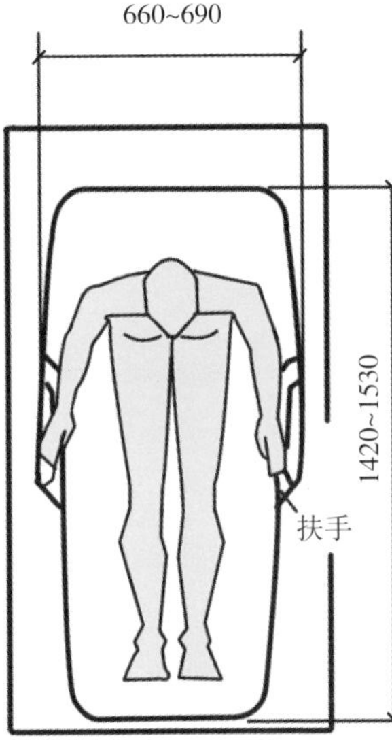

660~690

1010~1120

1420~1530

1670~1770

扶手

扶手

单人浴盆

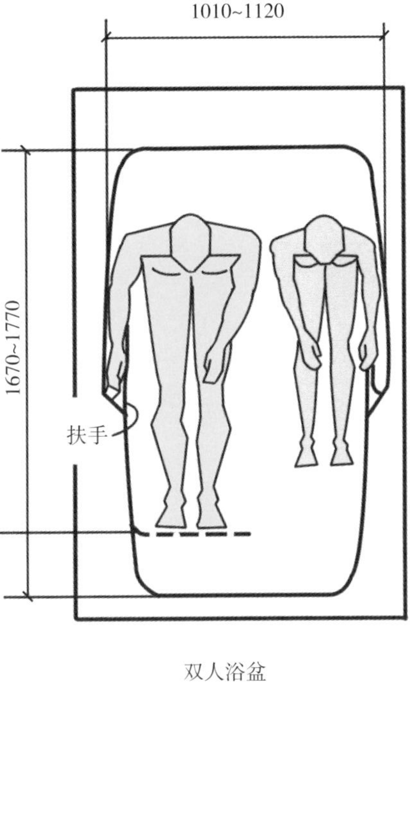

双人浴盆

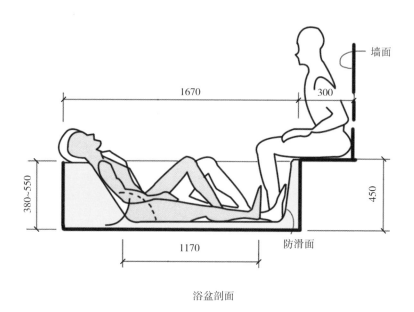

墙面

1670　300

380~550

450

1170

防滑面

浴盆剖面

由于浴盆是卫浴间中最潮湿的区域，因而在布局时应当尽量将其布置在最里端

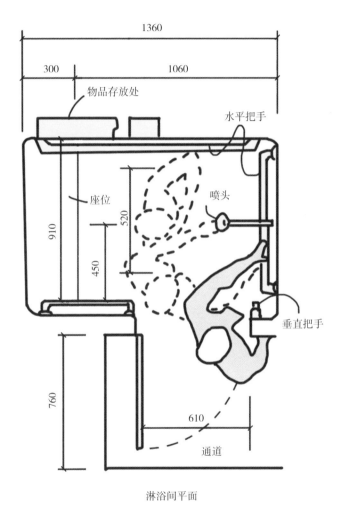

淋浴间平面

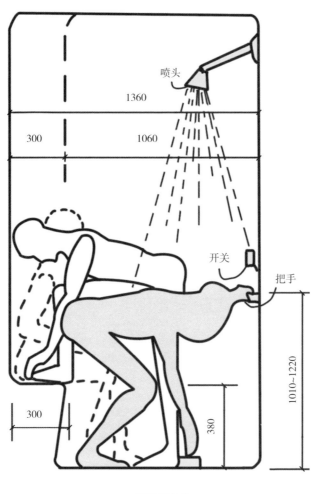

喷头

1360

300

1060

开关

把手

1010~1220

300

380

淋浴间立面

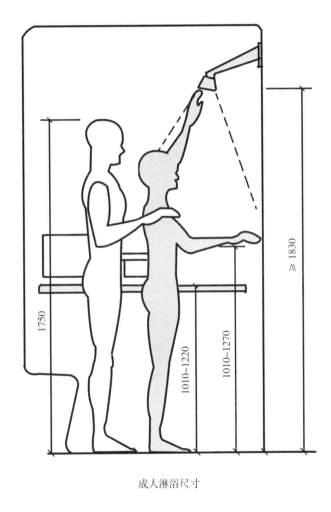

成人淋浴尺寸

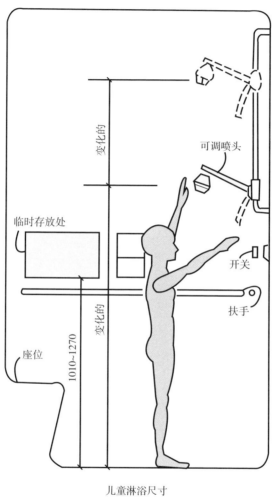

可调喷头

临时存放处

变化的

变化的

1010~1270

座位

开关

扶手

儿童淋浴尺寸

2 洗浴设施布置尺寸

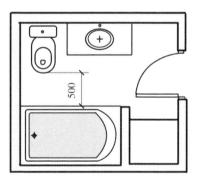

750

马桶与浴盆最佳距离

500

马桶与浴盆最小距离

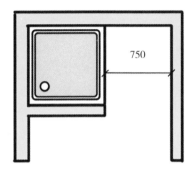

淋浴房距墙最佳距离

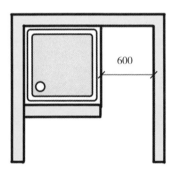

淋浴房距墙最小距离

第
四
章

商业空间中的尺度要求

商业空间可以从广义上理解为进行任何商业、商务活动的地点，其涵盖的范围包括但不限于写字楼、餐饮店、商场、休闲娱乐场所等。商业空间通常来说面积较大，因而要格外注意人、物、空间之间的相对尺寸关系。

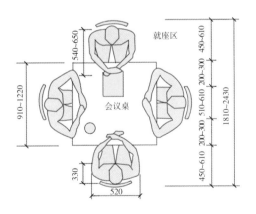

办公空间

办公空间设计的核心是为工作人员创造一个舒适、方便、安全、高效的工作环境，从而尽可能地提高工作效率。为达到此目的，需要以人为本，为办公空间的活动尺度提供充足的实践依据。

办公空间布置方式

办公、会议是两个相互独立又紧密联系的空间，其组合方式有四种，分别为单元式、单间式、开放式、混合式。

1 单元式

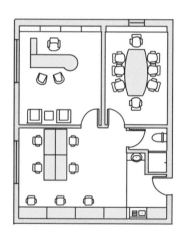

单元式布置

机构独立，内部空间紧凑   更为弹性、相对自由

特点

设备、能源消耗可独立控制、计量

2 单间式

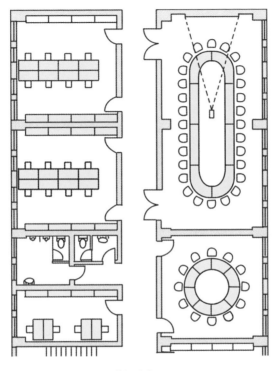

单间式布置

优　势	劣　势
☑ 空间独立，干扰小	☑ 空间封闭
☑ 环境安静	☑ 联系不够紧密
☑ 较强的私密性	☑ 交流不够方便

3 开放式

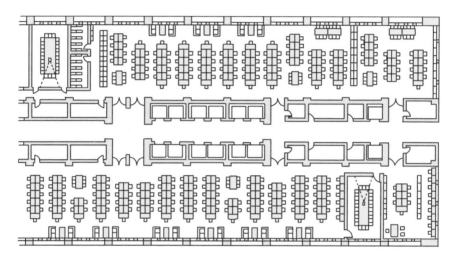

开放式布置

空间大，视线好   可根据各部门具体情况灵活布置

特点

人与人交流顺畅   可以创造室内外景观

4 混合式

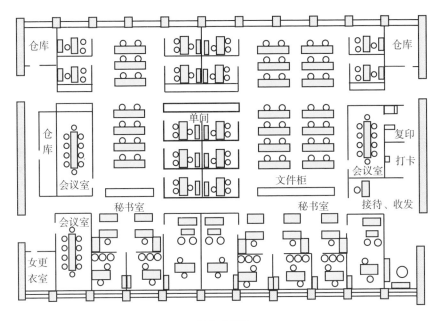

混合式布置

组合方式灵活　　　　　　　　可提高工作效率

特点

分区明确，管理层和非管理层区分开来

常用办公家具尺度

◀长方桌

宽　1200~1800
深　500~800
高　700~760

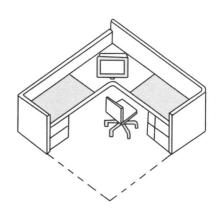

▶L 型办公桌

宽　（1200~1800）×（1200~1800）
深　500~800
高　700~760

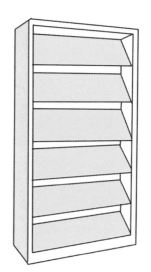

▲ 大班台　　▶期刊架

宽　1800~2400　　宽　800~1200
深　800~1100　　深　350~450
高　700~760　　　高　1800~2100

办公家具布置形式

办公室的家具主要包括办公桌、椅、文件柜等，同时还配有书架、会议桌、演示用的投影设施、复印机和各种供喝茶、休息等的外围设备。家具的配置、规格和组合方式由使用对象、工作性质、设计标准、空间条件等因素决定。其中，办公桌椅的布置是办公室空间布局的主要内容。

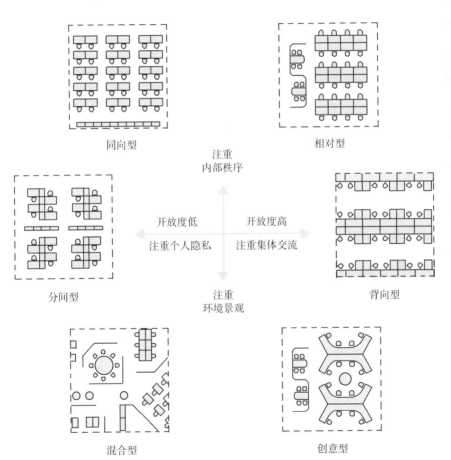

同向型

相对型

注重
内部秩序

开放度低　开放度高

注重个人隐私　注重集体交流

注重
环境景观

分间型

背向型

混合型

创意型

工作区尺度

根据办公楼等级标准的高低，办公室内人员的面积定额为 3.5~6.5m²/ 人，可根据上述定额在已有办公室内确定工作位置的数量（不含走廊面积）。

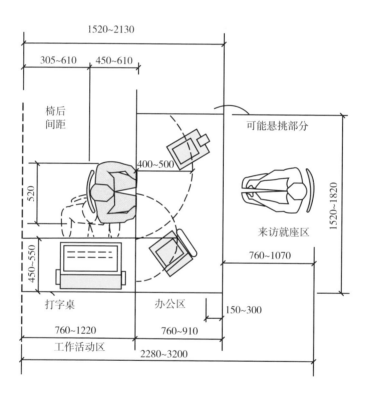

L 型单元

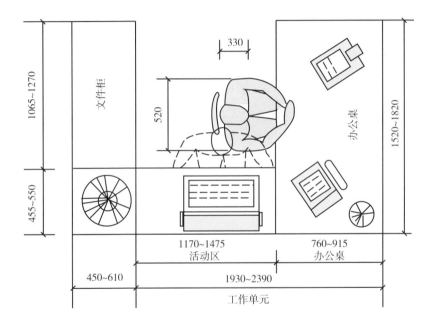

U 型单元

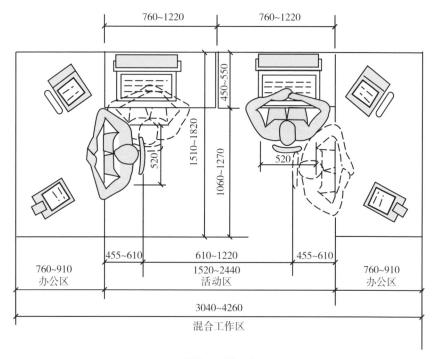

760~1220   760~1220

450~550

1510~1820

1060~1270

520

520

455~610   610~1220   455~610

760~910   1520~2440   760~910
办公区   活动区   办公区

3040~4260

混合工作区

相邻的 L 型单元布置

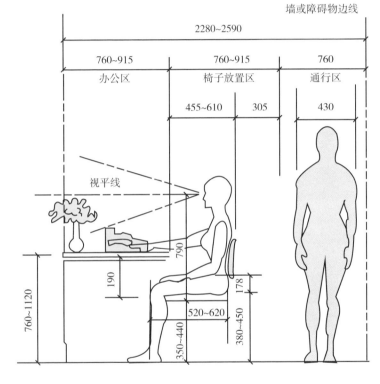

墙或障碍物边线

2280~2590

760~915 ｜ 760~915 ｜ 760

办公区 ｜ 椅子放置区 ｜ 通行区

455~610 ｜ 305 ｜ 430

视平线

790

190

760~1120

520~620

350~440

380~450

178

可通行的基本工作单元

椅子前后拉取的距离为 760~915mm，在沿墙布置时需要考虑椅子放置以及至少一人的通行距离

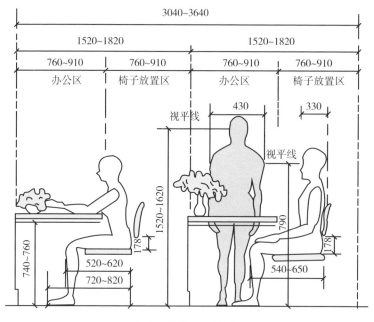

相邻工作单元（成排布置）

在成排布置办公桌时，其核心要点是保证人有充足的就座空间，多人在同一排共同办公时，还要考虑人通行的距离

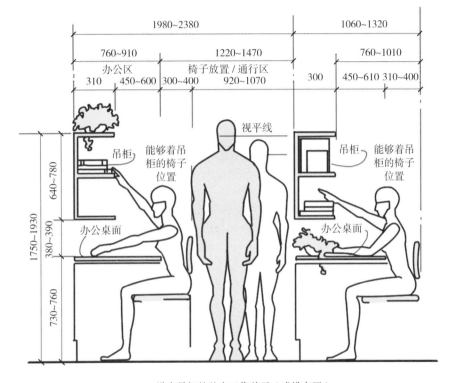

设有吊柜的基本工作单元（成排布置）

吊柜宽度要适宜，一般不超过 330mm，否则会对办公面造成不良影响

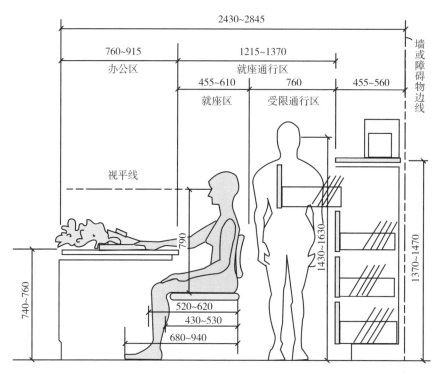

办公桌、文件柜和受限通行区

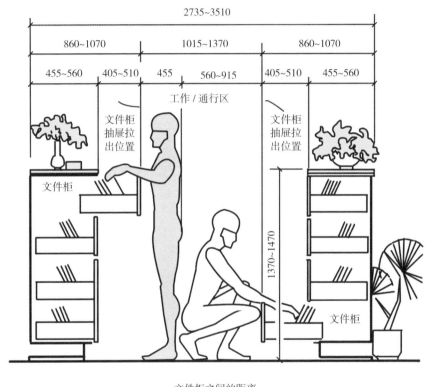

文件柜之间的距离

文件柜布置时不仅需要考虑人的通行间距，还要考虑人下蹲或弯腰拿取文件的活动尺寸。根据人下蹲姿势的不同，其宽度的尺寸范围为 560~915mm

1100mm：坐着时无视觉障碍

1200mm：与坐着时的视点大致相同，若站立则无视觉障碍

1500mm：与站着时视点大致相同，环顾四周时压迫感小

1600mm：可视范围为与座位相适应的展示面和储物架

1800~2100mm：在视觉上遮蔽人的动作的同时，有意识地隔断来自外部的视线，以保护隐私

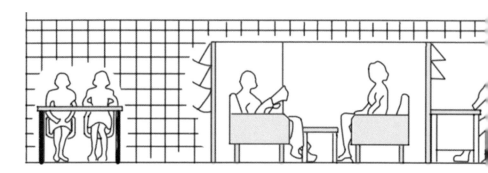

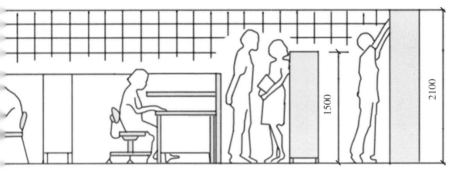

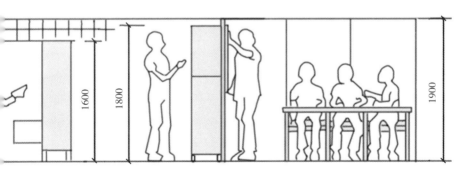

桌椅隔断与人的视线

洽谈区尺度

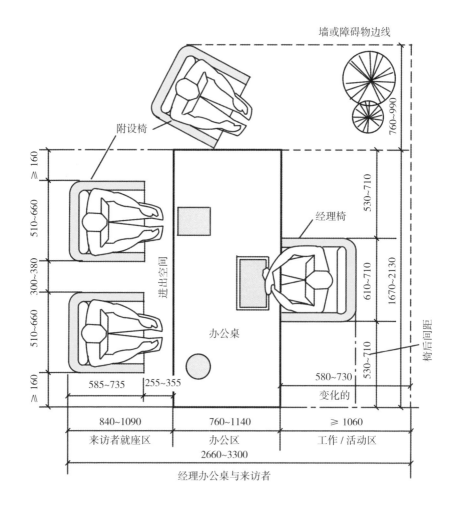

墙或障碍物边线

760~990

附设椅

经理椅

≥ 160

510~660

530~710

300~380

610~710

1670~2130

进出空间

办公桌

510~660

530~710

≥ 160

椅后回距

585~735 | 255~355

580~730

变化的

840~1090

760~1140

≥ 1060

来访者就座区

办公区

工作 / 活动区

2660~3300

经理办公桌与来访者

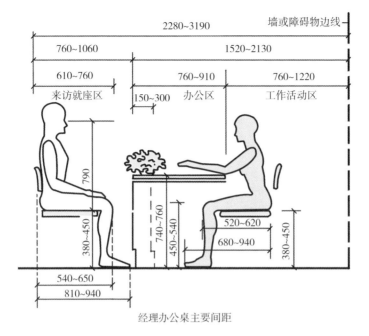

经理办公桌主要间距

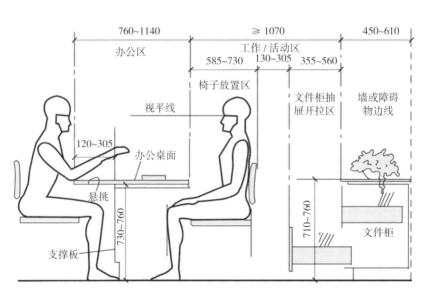

经理办公桌与文件柜的关系

会议区尺度

会议室是办公楼中重要的空间之一，根据面积的大小和人的数量，会议室分为大、中、小三种类型。不同性质的会议组织方式也不同，如讲座时，会采用课桌式的布置；探讨时采用圆桌或长条桌的方式布置，以方便讨论。

1 常见会议家具布置方式

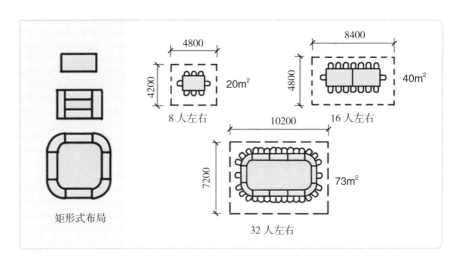

矩形式布局

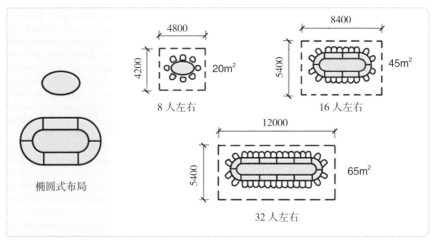

椭圆式布局

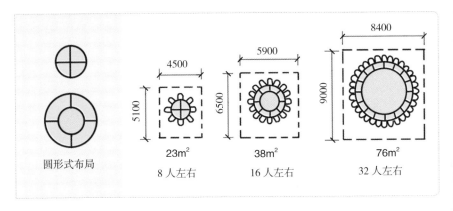

圆形式布局

4500
5100
23m²
8 人左右

5900
6500
38m²
16 人左右

8400
9000
76m²
32 人左右

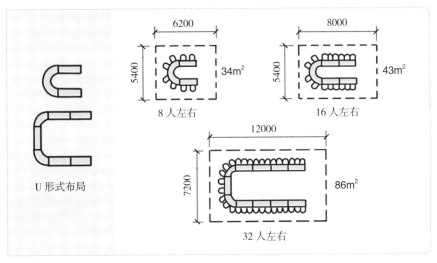

U 形式布局

6200
5400
34m²
8 人左右

8000
5400
43m²
16 人左右

12000
7200
86m²
32 人左右

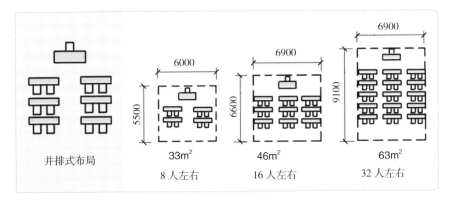

并排式布局

6000
5500
33m²
8 人左右

6900
6600
46m²
16 人左右

6900
9100
63m²
32 人左右

2 人与会议家具的活动尺度

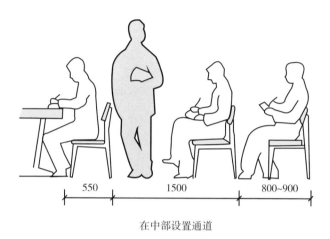

550   1500   800~900

在中部设置通道

800~950   700~750

靠墙设置通道

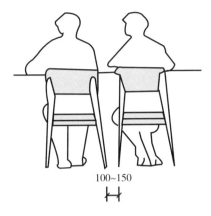

100~150

成排布置椅子间距

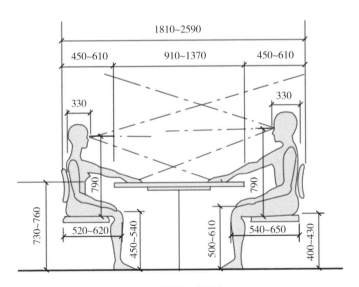

1810~2590

450~610　　910~1370　　450~610

330　　　　　　　　　　330

790　　　　　　　790

730~760

520~620　　　　　540~650

450~540　　　　500~610　　　400~430

面对面交谈办公尺寸

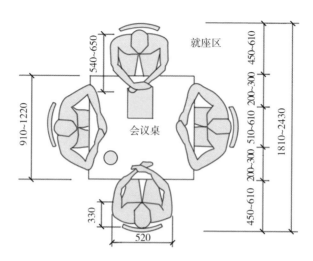

四人会议方桌尺寸

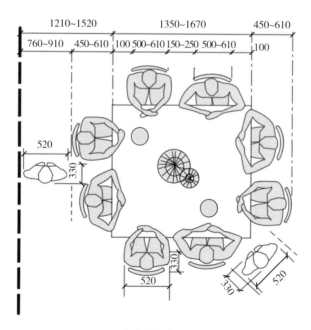

八人会议方桌尺寸

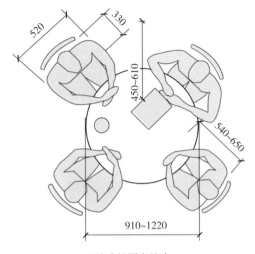

四人会议圆桌尺寸

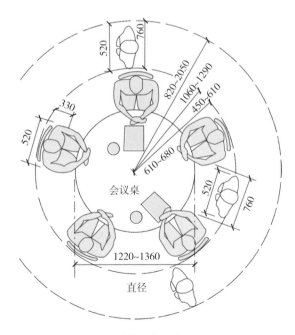

五人会议圆桌尺寸

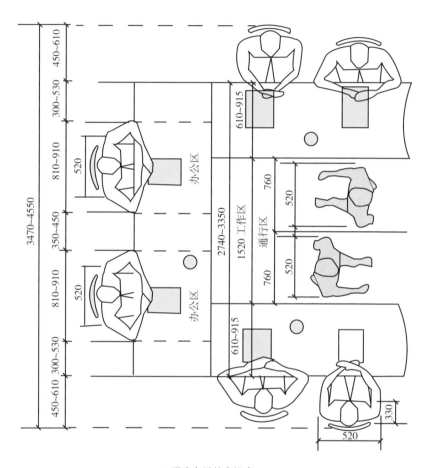

U 形式布局的会议桌

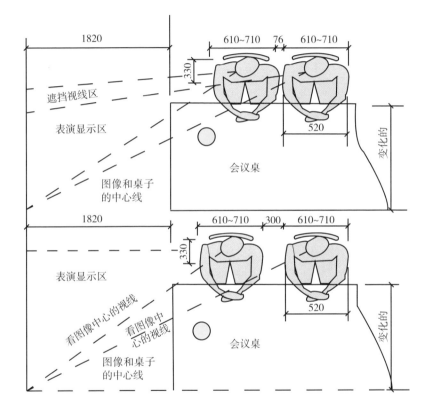

视听会议桌布置与视线

餐饮空间

餐饮空间是指即时加工制作、供应食品并为消费者提供就餐空间的场所。随着生活水平的提高，人们对餐饮空间提出了新的要求，把握人与环境的关系，有助于创造更舒适的就餐、备餐、服务环境。

常用餐饮家具尺度

餐饮空间的主要家具为用餐时的桌椅、吧台。

1 矩形桌

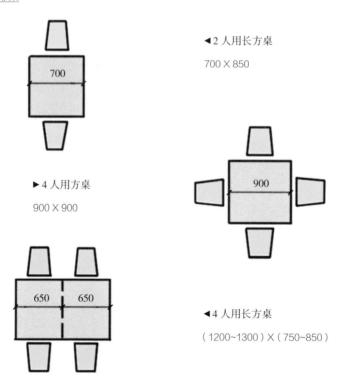

◀2 人用长方桌

700×850

▶4 人用方桌

900×900

◀4 人用长方桌

（1200~1300）×（750~850）

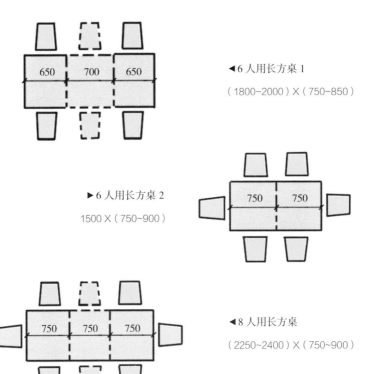

◄6 人用长方桌 1

（1800~2000）×（750~850）

►6 人用长方桌 2

1500 ×（750~900）

◄8 人用长方桌

（2250~2400）×（750~900）

2 圆桌

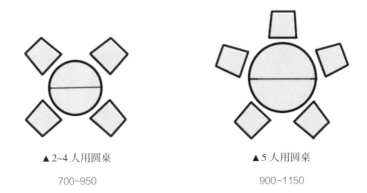

▲2~4 人用圆桌

700~950

▲5 人用圆桌

900~1150

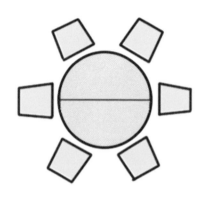

▲6 人用圆桌

1100~1300

▲7 人用圆桌

1200~1500

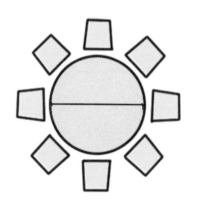

▲8 人用圆桌

1300~1700

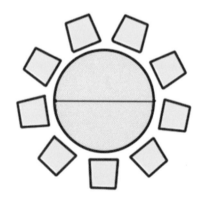

▲9 人用圆桌

1400~1900

餐厅常见服务台尺寸

（单位：mm）

顾客和工作人员均站着使用		顾客台面高	1050~1100mm	备注：下方可以设储藏柜
		工作人员台面高	850mm	
顾客和工作人员均坐着使用		顾客台面高	720~750mm	备注：下方可以设储藏柜
		工作人员台面高	720~750mm	
顾客站着，工作人员坐着使用的		顾客台面高	1050~1100mm	
		工作人员台面高	720~750mm	

餐饮家具布置形式

1 布置模式

餐桌布置的基本模式

形式		特点	示例
开敞式	阵列式	餐桌成行列式，布置规整	
	组团式	餐桌成组成团	

形式		特点	示例
开敞式	自由式	餐桌自由排列，平面丰富多变	
半开敞式		大面积开敞，以隔断等分隔空间，不完全封闭	
封闭间		独立于大堂的单独封闭小房间，安静不吵闹	

2 布置间距

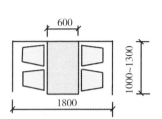

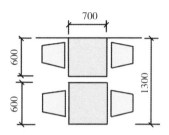

靠墙边餐桌布置

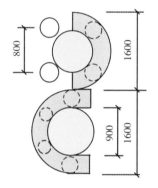

圆形屏风隔断餐桌布置最小尺寸

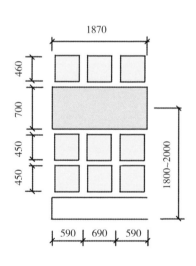

长方形桌相邻布置最小尺寸

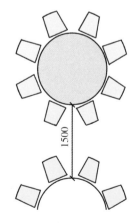

圆形桌相邻布置最小尺寸

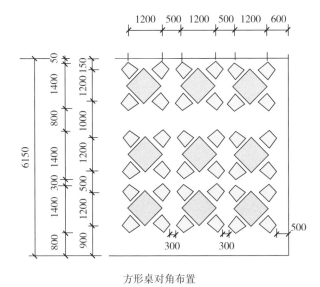

方形桌对角布置

方形桌平行布置

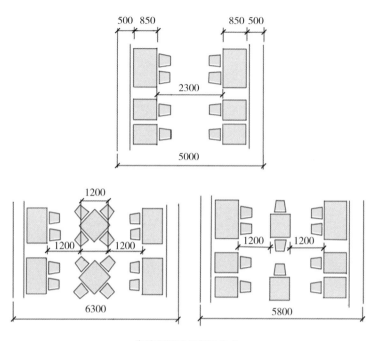

靠墙有椅子的布置方式

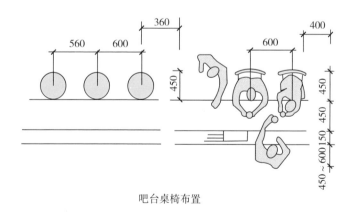

吧台桌椅布置

一个服务员可为 12 个客人服务，所以吧台长度以 600~750mm 为一个单位

就餐区尺度

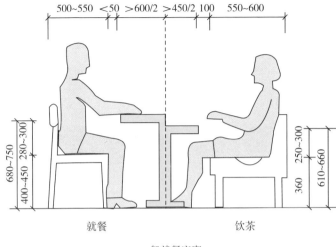

就餐　　　　　　　　　　饮茶

一般就餐座席

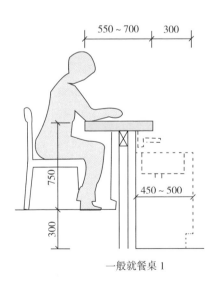

一般就餐桌 1

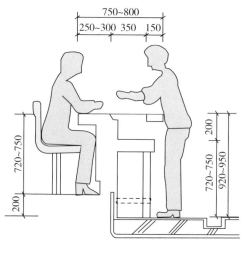

一般就餐桌 2

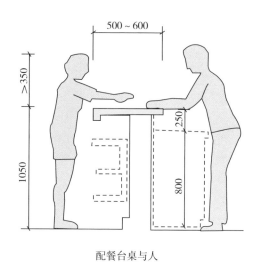

配餐台桌与人

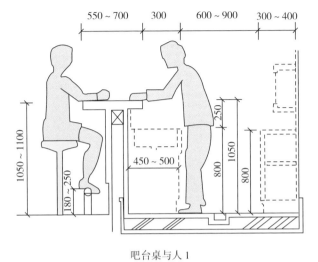

吧台桌与人 1

吧台桌与人 2

候餐区尺度

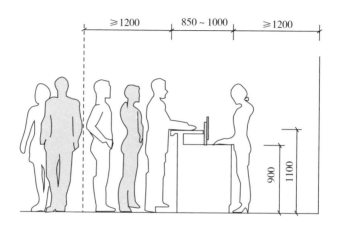

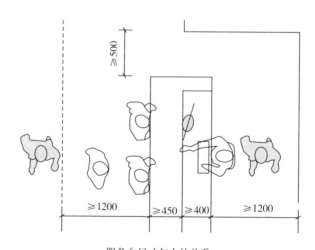

服务台尺寸与人的关系

---

1. 为保证营业人员充足的活动空间，服务台邻近墙设置时，与墙之间的间距≥1200mm

2. 服务台前顾客通行空间的宽度需≥1200mm

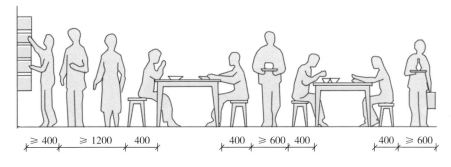

≥ 400　　≥ 1200　　400　　　　400　≥ 600　400　　　　400　≥ 600

餐厅内部人体活动尺寸 1

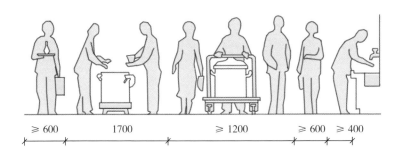

≥ 600　　　1700　　　　≥ 1200　　≥ 600　≥ 400

餐厅内部人体活动尺寸 2

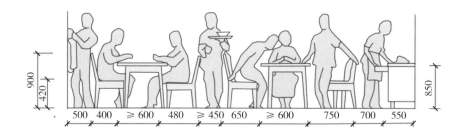

餐厅组合尺寸

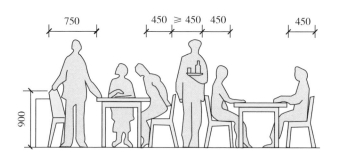

就餐区过道空间尺寸

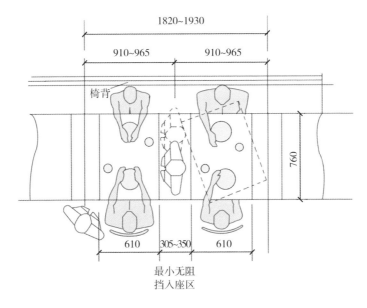

最小无阻
挡入座区

最小通行间距

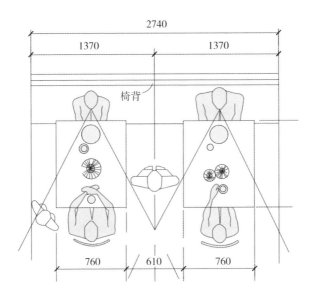

正常通行间距

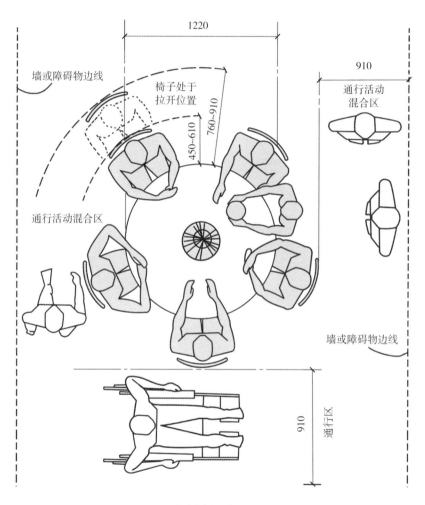

墙或障碍物边线

椅子处于
拉开位置

760~910

450~610

1220

910

通行活动
混合区

通行活动混合区

墙或障碍物边线

通行区

910

餐桌周边通行区

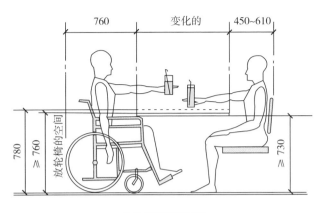

坐轮椅者就座间距

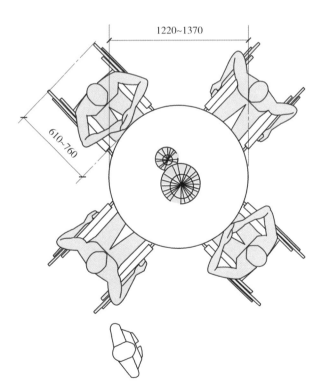

坐轮椅者位置间距

购物空间

　　购物空间的重点在于商品的陈列和售卖，这就要求设计师在设计时考虑售货员与商品、顾客与商品、售货员和顾客之间的关系。

购物空间组织方式

购物空间的组织方式主要是营业区域、走廊、楼梯、扶梯的空间布置形态。

1 格式

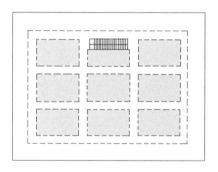

棋盘式

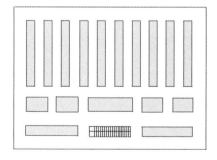

口琴式

类似于传统的里坊式平面布局，购物中心中的小型专卖区多采用这种形式

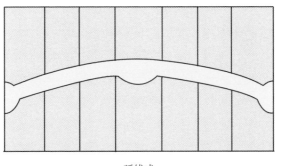

弧线式

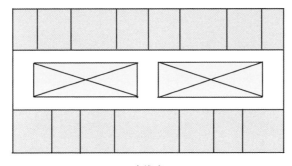

直线式

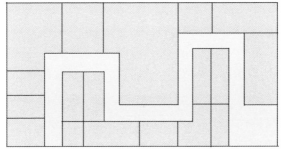

折线式

线状通道是构成交通空间体系的基本组合要素，可以互相交错、分叉或形成回路

2 自由式

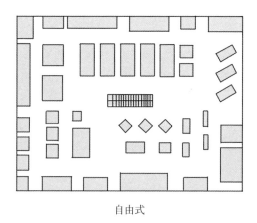

自由式

3 辐射式

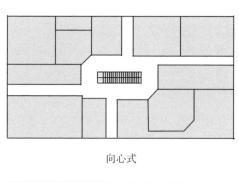

向心式

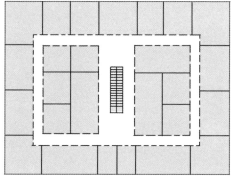

环游式

常用购物空间家具尺度

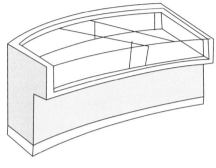

◀陈列柜

宽　1200~1800
深　500~600
高　800~1000

▶壁式陈列柜

宽　900~1800
深　500~600
高　1800~2000

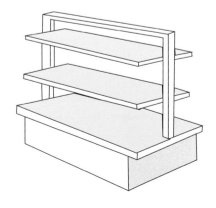

◀陈列架

宽　1000~1800
深　300~450（单面）
　　700~900（双面）
高　1200~1800

◀ 陈列台

宽　1000~1500
深　900~1200
高　950~1500

▶ 挂衣架

宽　600 / 900 / 1200
深　450 / 600
高　950~1500

◀ 收银台

宽　1000~1800
深　500~600
高　900~1200

▶ 休息椅

座宽　1100~1800
座深　400~450
座高　350~400

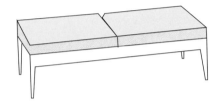

◀ 休息凳

座宽　1100~2100
座深　350~500（单面）
　　　600~1000（双面）

服务区尺度

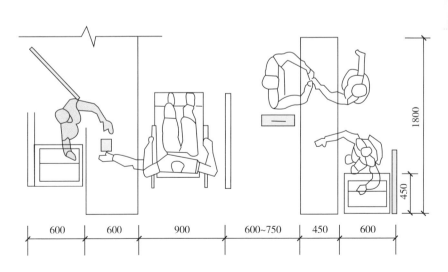

| 600 | 600 | 900 | 600~750 | 450 | 600 |

坐轮椅者结账通行间距

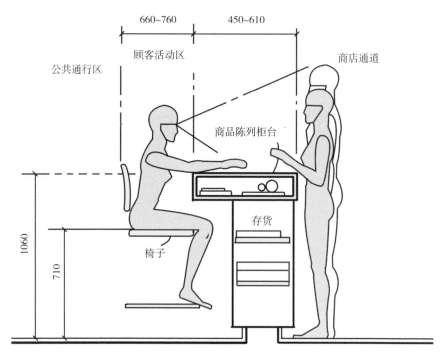

高柜台尺寸

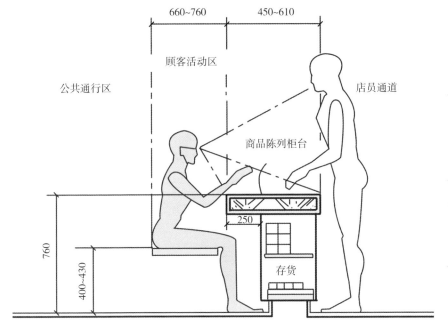

低柜台尺寸

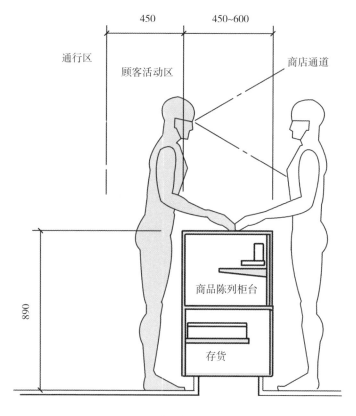

经典柜台尺寸

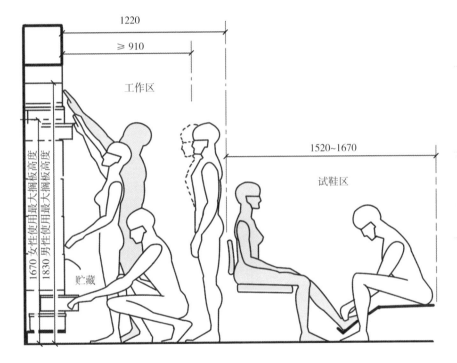

1220

≥ 910

工作区

1520~1670

试鞋区

1670 女性使用最大搁板高度
1830 男性使用最大搁板高度

贮藏

试鞋区间距

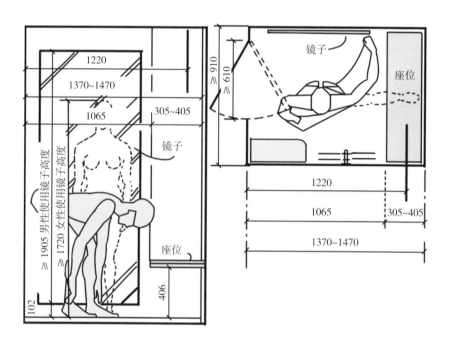

试衣间尺寸

陈列区尺度

1 陈列区设施与人体尺寸

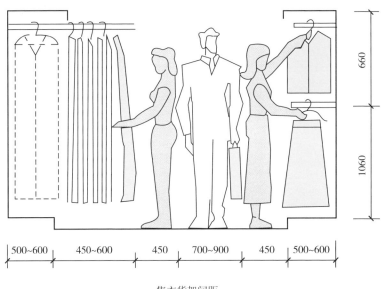

| 500~600 | 450~600 | 450 | 700~900 | 450 | 500~600 |

售衣货架间距

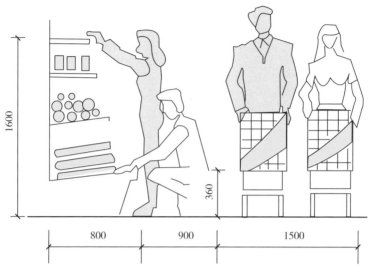

货架旁通行间距

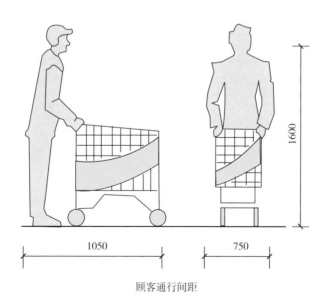

顾客通行间距

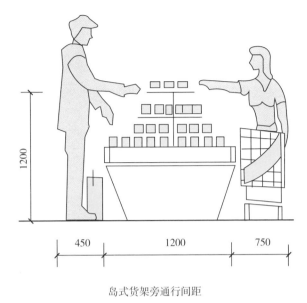

岛式货架旁通行间距

2 柜台货架布置形式

　　购物空间柜台的货架布置方式较为多样化，但在设计时一定要更好地考虑人体工程学的需要，使得购物空间对人来说更为友好。

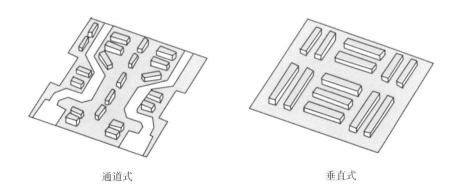

通道式　　　　　　　　　　　　　　垂直式

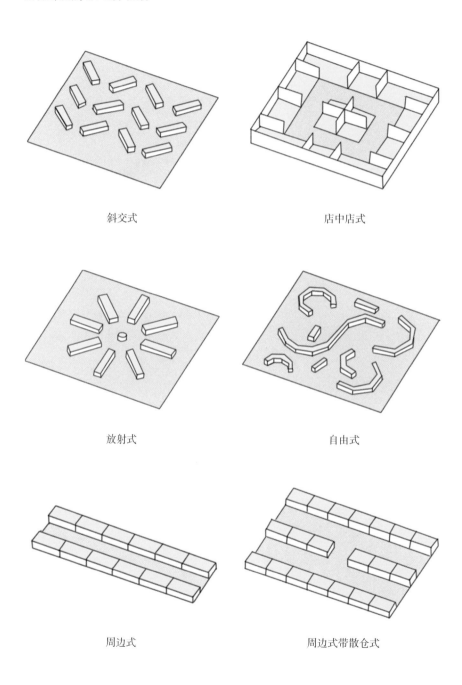

斜交式 店中店式

放射式 自由式

周边式 周边式带散仓式

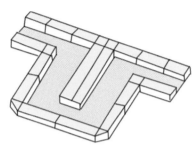

半岛式

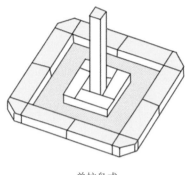

单柱岛式

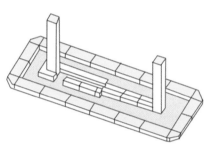

双柱岛式

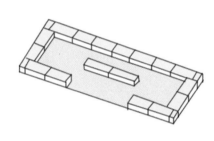

半开敞式

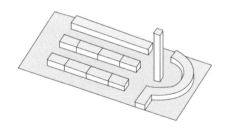

开敞式

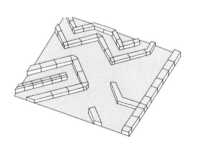

综合式

通行尺度

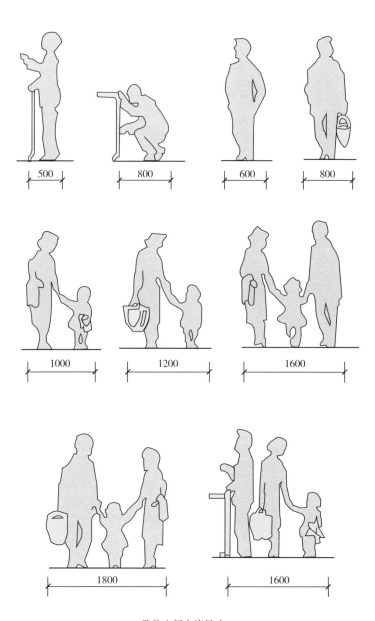

购物空间人流尺寸 1

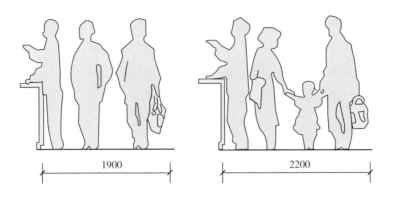

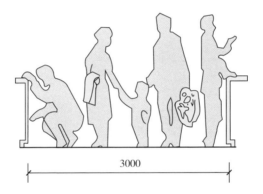

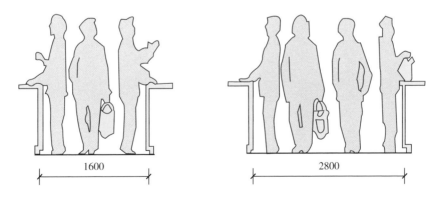

购物空间人流尺寸 2

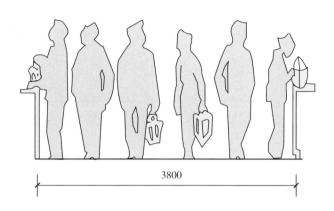

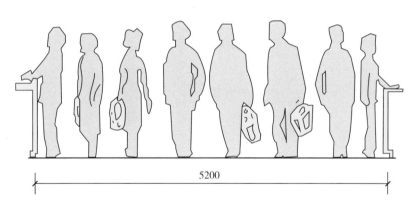

购物空间人流尺寸 3

按顾客在柜台前空间距离为 400mm，每股人流宽 550mm，两边都有货柜时，其通道宽度 W，顾客股数 N，则

$$W=2\times400+550\times N（mm）$$

一般人流量为 2~4 股，通道宽约 1900~3000mm